JN194019

化学生態学

—昆虫のケミカルコミュニケーションを中心に—

中牟田　潔

［編］

朝倉書店

編　者

中牟田　潔　　千葉大学名誉教授

執 筆 者

井 上 貴 斗　　名古屋大学大学院生命農学研究科
手 林 慎 一　　高知大学農林海洋科学部
野 下 浩 二　　秋田県立大学生物資源科学部
野 村 昌 史　　千葉大学大学院園芸学研究院
北 條　 賢　　関西学院大学生命環境学部
望 月 文 昭　　千葉大学園芸学部
森　　 哲　　京都大学大学院理学研究科
森　 直 樹　　京都大学大学院農学研究科

（五十音順）

まえがき

大学にて化学生態学関連の講義を担当していたとき，英語で書かれた化学生態学に関する教科書は複数あるのに，最新の知見を取りこんだ日本語で読める教科書がないと感じていた．しかし，日常の仕事に追われ，自身で執筆に手をつけることはできていなかった．大学を退職して時間が許すようになり，やはり教科書になる本を執筆しようと考えた．しかし，一人ですべてをカバーするのは難しく，研究仲間や学会の知り合いに最新の知識を反映した教科書を作ろうと相談をもちかけて，本書の完成にいたった次第である．1，2章では化学生態学のベースとなる知識を記した．そして，化学生態学で扱われる研究トピックスの中から，3章では昆虫と寄主植物の関係，4章では植物とそれを食う植食者，さらに植食者の天敵にかかわる三者間の相互作用について記した．5章では化学的コミュニケーションが非常に発達している社会性昆虫について，6章では脊椎動物，特にカエルやヘビの毒物質について，7章では哺乳類の性フェロモンについて記した．最後に8章では，ガの性フェロモンを中心に化学生態学の研究成果が害虫被害の制御に利用されている例を紹介した．本書が化学生態学の興味深い世界を知る手がかりになれば幸いである．

大学教員に求められるタスクが以前とは比較にならないほど増えて多忙な中で私のお誘いに賛同いただき執筆いただきました著者の皆様に厚くお礼申し上げます．また，本書の企画段階から出版に至るまで朝倉書店編集部には大変お世話になりました．心より感謝いたします．

2024年夏

中牟田 潔

化合物名の表記について

セミオケミカルなど化学物質の構造はIUPAC（International Union of Pure and Applied Chemistry，国際純正応用化学連合）命名法にしたがって記述することが望ましい．しかし，本書では繰り返し記している性フェロモンなどの化合物については，直鎖部分の炭素の数，二重結合の位置，二重結合の数，幾何異性体の種類（*Z*体，*E*体），官能基（アルコール，アルデヒド，エステル，カルボン酸，ケトン）などを下記のルールに従って省略名を用いている．

炭化水素

Pentacosane: nC25

3-methylhentriacontane: 3Me-C31

(*Z*)-9-tricosene: *Z*9-C23

アルコール

Dodecan-1-ol: 12OH

(*Z*)-9-tetradecen-1-ol: *Z*9-14OH

(*E*, *Z*)-10,12-hexadecadien-1-ol: *E*10*Z*12-16OH

アルデヒド

Hexanal: 6Al

Tetradecanal: 14Al

(*Z*)-tetradec-9-enal: *Z*9-14Al

エステル

(*E*)-7-dodecen-1-ol acetate: *E*7-12Ac

(*Z*)-9-tetradecadecene-1-ol acetate: *Z*9-14Ac

(*Z*, *E*)-9,12-tetradecadiene-1-ol acetate: *Z*9*E*12-14Ac

(*Z*)-16-Methyl-9-heptadecenyl isobutyrate :16-Me-*Z*9-17:iBu

16-Methylheptadecyl isobutyrate :16-Me-17:iBu

ケトン

4-methyhept-1-en-3-one: 4Me-7-3Kt

Undecan-3-one: 11-3Kt

目　　次

1. 化学生態学とは

我々は他者とのコミュニケーションや環境中から必要な情報を得る際に五感（視覚，聴覚，触覚，味覚，嗅覚）を用いる．動物も同じようにいろいろな感覚を用いて，他個体とコミュニケーションを行う．また，環境中に存在する餌や交尾相手などの必須資源を見つける際にもこれらの情報を用いている．その中で嗅覚や接触化学感覚，あるいは味覚を介した生物間の化学的コミュニケーションや，植物と動物の相互作用などに用いられる化学物質に関わる科学が化学生態学（chemical ecology）である．ひと言でいうと生物の種内，種間の相互作用を仲介する化学物質の働き，その化学構造を解明する科学であり，有機化学，天然物化学，生態学，生理学，植物学，動物行動学，昆虫学などにまたがる学際領域の科学である．

最初に chemical ecology の用語が使われたのは，1970 年に刊行された Sondheimer and Simeone（1970）が編集した Chemical Ecology であろう．そこには，植物，昆虫，魚類などを対象に，化学的コミュニケーション，植物と昆虫の化学的相互作用，捕食者に対する化学的防御，ホルモンを介した相互作用などが記されている．その後 1975 年に国際学術誌である *Journal of Chemical Ecology* が創刊され，1983 年には国際化学生態学会（ISCE: International Society of Chemical Ecology）が組織され，年次大会が世界を回りながら開催されている．

ISCE による化学生態学の定義は，「生物間の種内・種間相互作用を制御する興味深い化学的メカニズムを扱う．すべての生物は情報を伝達するのに化学的信号を用いる．『化学言語』はコミュニケーションの最も古い形態である．化学生態学分野の研究は，情報を伝達する物質の同定と合成，これらの『セミオケミカル』を認識し伝達する受容器と伝達システムの解明，そして化学的信号の発生学的，行動学的，生態学的帰結を扱う」となっている．メカニズムから進化まで幅広く，まさに学際領域である．1970 年代以降ガ類の性フェロモンを中心に種内関係の研究，さらには種間相互作用を仲介する化学物質に関する化学生態学的研究が世界各国で進み，著しい発展をみせている．

しかし，化学物質が関わる現象は，化学生態学という分野が成立するよりもはるか以前から知られていた．例えば，ジャコウは有史以前より香料や薬として中国やインドで用いられてきた歴史がある．ジャコウは北東アジアの山林に生息するシベリアジャコウジカの雄が発情期に分泌するにおいであり，その主成分であるムスコン（muscone，(*R*)-3-メチルシクロペンタデアノン，図 1.1）の化学構造が解明されたのは，20 世紀になってからである．また南北アメリカ大陸に生息する複数種のスカンクが外敵に襲われたときに肛門嚢から放出する防御物質はヒトも感じられる強烈な悪臭のためか，すでに 19 世紀に化学的研究の対象とされていたが，その成分が解明されたのは，1970 年代である．身近な例では，ネコがマタタビをなめたりかんだりして，葉の上に転がったり擦り寄る反応は古くから知られており，江戸時代の本草学者である貝原益軒の書にも記されている．そしてこのネコの反応には，ネコがマタタビのにおいを体につけて力を避ける働きのあることが，ごく最近解明された（詳しくは第 2 章に記す）．

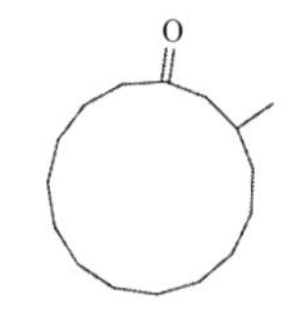

図 1.1　ジャコウの成分であるムスコン muscone

このように古くから知られていた現象に関わる化学物質の構造が 20 世紀以降に明らかになってきたのは，ガスクロマトグラフィー，質量分析，高速液体クロマトグラフィー，分光分析，核磁気共鳴分析などの分析技術が大きく進歩し，ごく微量でも分析可能になったことが大きく寄与している．また，化学物質への生物の反応を解析する生物検定において，においに対する昆虫の反応を触角の電気生理学的反応を記録することで調べられるようになるなど，より少ない供試個体で実験が可能になったことも化学生態学の発展に貢献している（Box 2.1 参照）．

以下では，生物の種内あるいは種間相互関係を仲介する化学的情報を概略する．

1.1　種内相互作用を仲介する化学的情報

生物の同種内の個体間同士の相互作用には，交尾，餌や交尾相手などの資源をめぐる競争，さらには共食いなどがある．

昆虫の交尾に関してにおいが関与していることを最初に示したのは，『昆虫記』を記したフランスの博物学者ジャン＝アンリ・ファーブル（1823 ～ 1915）である．昆虫記には，大型のガであるオオクジャクヤママユの雌成虫をかごに入れて，視覚を遮断するために布を被せておくと，夜になって雄成虫がどこからともなく飛んでくること，さらに触角を切除した雄は雌にたどり着けないことから，何らかのにおい物質が雌雄のコミュニケーションに関与しているだろうと記されている（図 1.2）．

ファーブルから半世紀以上を経てこのようなにおいが有機化合物であることを明らかにしたのは，ドイツの Butenandt et al.（1959）である．彼らは日本から輸入したカイコから得られた雌成虫 50 万匹を用いて，カイコガの雌成虫が体外に放出し，雄を引きよせる物質の構造が *E*10*Z*12-16OH（図 1.3）であることを明らかにした．そして，その物質をカイコガの学名 *Bombyx mori* にちなんでボンビコール（Bombkol）と命名した．さらに，Karlson and Lüscher（1959）は，このように体外に放出されて機能を示す物質は，体内に分泌されて生理作用を示すホルモンとは作用様式が異なるとして，このような物質をフェロモン（pheromone）と命名した． ギリシャ語で「運ぶ」を意味する pherein と hormone を組み合わせて作られた．

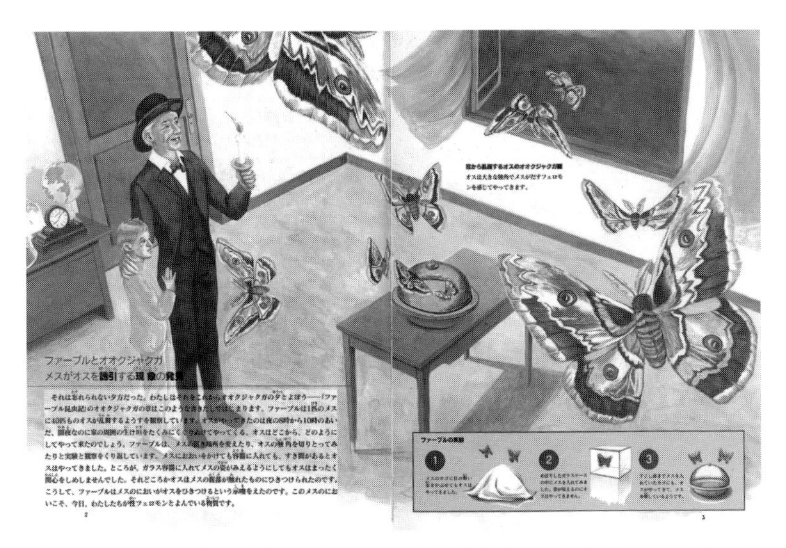

図 1.2　ファーブルがオオクジャクヤママユの行動を観察している様子（若村定男編，株式会社パステル絵『昆虫のにおいの信号』農文協刊より）

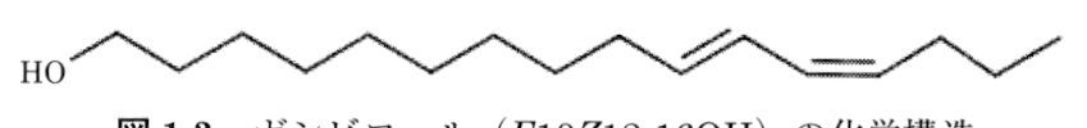

図 1.3　ボンビコール（*E*10*Z*12-16OH）の化学構造

ガ類の性フェロモンはごく微量で雄の反応を引き起こすため，その化学構造を解明するには大量の試料が必要であった．しかし今では化学分析技術が進歩したおかげで 1 匹の雌が放出する量でも構造推定が可能な場合もある．

ガの性フェロモンは，害虫であるガ類を中心にその後世界的に研究が進み，現在では 2,000 種を超えるガの性フェロモンが研究対象となっている（Jurenka, 2021）．ガ類では微量で雄の羽ばたきやフェロモン源に向かう飛翔反応が解発されることから，害虫による被害を抑えるための研究も進み，害虫被害抑制のために実用化されている例も多い．詳しくは第 8 章に記す．

昆虫以外でも性フェロモンの研究が進み，水生動物ではカニなどの甲殻類やキンギョやナマズなどの魚類において性フェロモンの存在が解明され，さらに水産養殖への利用も目指されている（Kamio et al., 2022）．また，は虫類や哺乳類でも性フェロモンが明らかにされている．哺乳類の性フェロモンについては第 7 章に記す．

餌をめぐる競争を抑制する例として，キクイムシを紹介する．樹皮下に集団で穿入し食害するキクイムシは，集合フェロモンによって雌雄成虫が寄主となる樹木に大量に飛来するが，穿入する密度が高くなりすぎると抗集合フェロモンを放出して，成虫のさらなる飛来を阻止する．これは幼虫の餌不足を避けるためであり，実際に幼虫を異なる密度にて樹体に強制的に接種すると，ある密度を超えると幼虫の生存率が低下することがわかっている．フェロモンについて詳しくは第 2 章に記す．

1.2　種間相互作用を仲介する化学的情報

生物の種間相互作用では，食う–食われる，寄生–被寄生，共生などがある．

昆虫と昆虫に食われる植物の関係については，Verschaffelt（1910）のシロチョウ類とアブラナ科植物に関する研究が最初であろう．モンシロチョウやオオモンシロチョウの幼虫はアブラナ科植物しか食べず，その背景にはアブラナ科植物に含まれるカラシ油配糖体が摂食刺激物質になっていることを報告している．カラシ油はアブラナ科植物がもつ防御物質であり，アブラナ科植物を食わない他の多くの昆虫種に食べさせると成長阻害などのネガティブな効果を示すが，アブラナ科に特化したシロチョウは逆にカラシ油を利用して餌を発見する．植食性昆虫と寄主植物の関係，植食性昆虫の寄主選択については，第3章で詳しく述べる．

食う–食われるの関係において，食われることを避けるための防御物質は植物，動物の双方において古くから広く知られている．例えばトリカブトはかつて毒矢の毒に使われていたほど毒性が強く，その成分はアルカロイドのアコニチンであることが19世紀には明らかにされていた．また，フグの毒性も昔から知られており，1909年に田原良純はフグから分離した毒成分をテトロドトキシンと命名した．そして1964年に化学構造が決定され，1972年には合成に成功している．ヘビやヤモリなどの防御物質については第6章にて詳しく記す．

食われないために防御物質をもつのではなく，食われるのを避けるために捕食者から逃げる反応もある．例えば血縁者で巣を形成する社会性のアリ類では，捕食者に出会うと外分泌腺から警報フェロモンを放出し，巣仲間の逃避反応を引き起こす．

水生動物においても捕食者を避ける反応は知られている．ミジンコは，捕食者であるフサカ幼虫やプランクトン食の魚由来の物質に反応して逃避反応を示す．また，捕食リスクを低減するために，捕食者由来の物質に曝されると頭部にとげが形成され捕食者に食われにくくなることも知られている．

植物同士の相互関係では，ある植物が生産する化学物質によって，その周りの他の植物が何らかの作用を受ける現象を，オーストリアの植物学者Molischがアレロパシー（他感作用）と名づけた．わかりやすいのは外来種のセイタカアワダチソウ *Solidago altissima* で，この植物が侵入した場所では他の植物が発芽・生育できず，一面アワダチソウだらけになる．これはセイタカアワダチソウの地下茎から *cis*–デヒドロマトリカリアエステルという物質が放出されて，他の植物の発芽・成長を阻害するためである．

寄生バチは，他種の昆虫の卵や幼虫に卵を産み，孵化した幼虫が寄主の組織を食って成長し，成虫が羽化する．寄主を見つける過程において，寄主の生息場所（例えば寄主が生息する植物）や寄主自体から発するにおい（寄主が放出するフェロモンなど）を手がかりとしている例が多数報告されている．具体例は，22ページに記す．

共生関係では，アリが随伴する好蟻性アブラムシとアリの相利共生が古くから知られている．アブラムシは糖分の多い排泄物である甘露をアリに提供し，アリはアブラムシを天敵から守る．この際にアリがアブラムシを攻撃しないのは，アリが甘露をもらったアブラムシの体表にある炭化水素を学習し，その後その炭化水素をもつアブラムシを攻撃しなくなるからである（Hayashi et al., 2015; Sakata et al., 2017）．共生を含む社会性昆虫のケミカルコミュニケーションに関しては第5章に詳しく記す．

1980年代には，ナミハダニがリママメを食害するとハダニの捕食性天敵であるカブリダニを誘引することが発見された．そしてこの誘引には食害を受けたことによりリママメが放出する植物由来の揮発性物質が働いていること，さらにそれら化合物の化学構造が明らかにされた．その後，植物–植食者–天敵の三者関係については急速に研究が進み，数多くの例が積み上げられ，天敵を誘引する害虫制御技術も開発された．植物–植食者–天敵の相互作用については第4章にて詳しく記す．

〔**中牟田　潔**〕

2. セミオケミカル

生物のコミュニケーションや相互作用に用いられる化学物質をセミオケミカル（semiochemical）あるいは信号化学物質と呼ぶ．semiochemical は信号を意味するギリシア語の semeon に由来する．セミオケミカルには，同種間のコミュニケーションに用いられるフェロモンおよびシグネチャーミックス（signature mixture）と，異種間のコミュニケーションに用いられるアレロケミカル（allelochmical）がある．フェロモンは発信者とは異なる同種の別個体に定型的な行動や特異的な生理的変化を生得的に引き起こすために進化した化学的信号である．一方シグネチャーミックス（Wyatt, 2010）は，ある個体がもともと持っている複数の化学物質（化学的プロフィール）を同種の他個体が学習し，その個体を家族や同巣の個体と識別するのに利用される物質群である．すなわち，シグネチャーミックスにはフェロモンのように生得的な定型行動を解発する働きはない．例えばアリやハチの中には同じ巣の個体と異なる巣の個体を体表にある炭化水素のプロフィールで識別する種が存在する．これは従来巣仲間認識フェロモンとも呼ばれていたが，本書では Wyatt を踏襲してこのような化学的プロフィールをシグネチャーミックスとして扱う．アレロケミカルは発信者とは異なる別種の個体に意味のある反応を引き起こす化学物質である．allelo は「相互に」を意味するギリシャ語由来である．

2.1 フェロモン

フェロモンはその作用様式の違いにより起動フェロモンと解発フェロモンに分けられる．起動フェロモンは，フェロモンを受信した個体の生理状態に変化をもたらす．例としてミツバチの階級分化フェロモンを紹介する．ミツバチは真社会性昆虫であり，1 匹の女王バチとその子である多数の働きバチからなる血縁集団で巣を作る．女王と働きバチはともに雌であるが，働きバチは産卵しない．働きバチの卵巣は，女王の大顎腺由来の女王フェロモンにさらされると発育が生理的に抑制される．実験的に女王を巣から除去すると働きバチの中から産卵する個体が現れる．ただし働きバチは交尾していないので，産まれた個体はすべて雄バチになる．女王由来の階級分化フェロモンには，働きバチの卵巣発育を抑える他に，女王になる幼虫の発育を停止したり，女王の周囲に働きバチを集めたりする働きがある．詳しくは5.4節（73ページ）に記す．

解発フェロモンは，受信者に特定の行動を引き起こす（解発する）フェロモンである．以下に解発される行動ごとに紹介する．

□ 2.1.1　性フェロモン

雄あるいは雌が放出して，異性を引きつけるのが性フェロモン（sex pheromone）である．最初に化学構造が明らかにされた性フェロモンはカイコガの性フェロモンで1959年のことであり，フェロモンという用語を提起する契機となった．その後米国を中心に主に農林業の主要害虫を対象に性フェロモンの解明が進んだ．1960年代の報告はいずれも性フェロモンが一つの化合物であり，合成した一つの化合物が強い誘引活性を示した（表2.1）．この頃の学界ではガの性フェロモンは「1種－1化合物」が定着していた．しかし，その後玉木らがチャノコカクモンハマキの性フェロモンは *Z*9-14Ac:*Z*11-14Ac=8:2であり，ハスモンヨトウは *Z*9*E*11-14Ac:*Z*9*E*12-14Ac=88:12である（Tamaki et al., 1971, 1973）ことを発表した．これが契機となり，1種の昆虫の性フェロモンは複数の成分からなり，その成分比が種の識別に重要な手がかりであることが示され，ガの性フェロモンは複数成分からなることが定着した．チャノコカクモンハマキではいずれか一成分では性フェロモンに対する雄の行動反応である交尾ダンスが

表2.1　当初の研究で解明された性フェロモン

公表年	昆虫名	性フェロモンの化学構造
1959	カイコガ	*E*10*Z*12-16OH
1966	イラクサギンウワバ*	*Z*7-12Ac
1967	ツマジロクサヨトウ*	*Z*9-14Ac
1968	ハマキガの1種*	*Z*11-14Ac
1969	ナシヒメシンクイ*	*Z*8-12Ac
1970	マイマイガ	disparlure
1970	ヨーロッパアワノメイガ*	*Z*11-14:Ac

*その後一成分ではないことがわかったガ

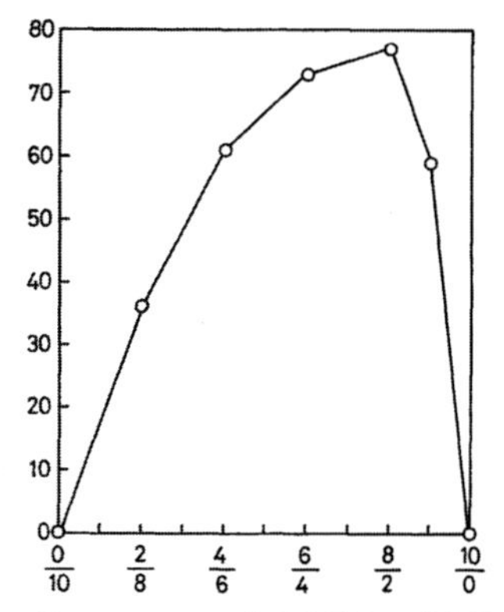

図 2.1 チャノコカクモンハマキの性フェロモン2成分を異なる混合比で雄に提示したときの交尾ダンス反応．横軸：*Z*9-14Ac/*Z*11-Ac の比率，縦軸：交尾ダンスの割合（%）（Tamaki et al., 1971 を改変）

表 2.2 同所的に生息する *Heliothis* 属2種の性フェロモン

化合物	*Heliothis zea*	*Heliothis virescens*
*Z*7-16Al	1.1	1.0
*Z*9-16Al	1.7	1.3
*Z*11-16Al	92.4	81.4
16Al	4.4	9.5
*Z*9-14Al		2.0
14Al		1.6
*Z*11-16OH		3.2

Klun et al（1979）より作成

解発されず，*Z*9-14Ac が 40 ～ 90% 含まれている必要がある（図 2.1）．表 2.1 に示したガも多くは，その後性フェロモンが複数成分からなることが明らかになった．これには微量分析技術の急速な進歩が貢献している．カイコガでは 50 万匹，チャノコカクモンハマキでも 5 万匹の雌成虫から性フェロモンを抽出しているが，現在では 1 匹の雌がもつ性フェロモンの分析も場合によっては可能である（Box 2.1）．

複数成分からなる性フェロモンの中には同種の誘引に関与しない物質が存在することも明らかになった．そのような化合物はじつは同所的に生息する近縁種の相互誘引を阻止し，生殖隔離を確実にしている例も明らかになっている．例えば，米国で広く同所的に生息するタバコガの 2 種 *Heliothis virescens* と *H. zea* の性フェロモンは表 2.2 の構成となっている．*H. zea* の誘引には 4 成分すべて

図 2.2　合成性フェロモンを誘引源にしたトラップに3日間で誘殺されたヒメボクトウ雄成虫

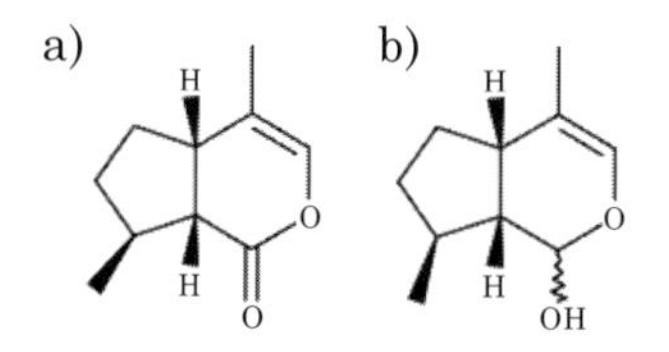

図 2.3　アブラムシの性フェロモン
a) nepetalactone , b) nepetalactol

が必要であるが，*H. virescens* では *Z*11-16Al と *Z*9-14Al の混合物が未交尾雌と同等の誘引性を示し，*Z*11-16OH と *Z*9-14Al は自種の誘引には必須ではない．では，この2成分はどのような働きをしているのであろうか．*Z*11-16OH については，*H. zea* の性フェロモン4成分に *Z*11-16OH を混合すると *H. zea* の誘引を阻害する，すなわち同所的に生息する近縁種を誘引しないことがわかっている．

その後 2,000 種を超えるガが性フェロモンの研究対象となり，その中には重要な害虫種が数多く含まれている（https://pherobase.org/）．ガ類の性フェロモンは，ごく微量（100 万分の1グラム以下）で誘引活性を示すものも多く（図 2.2），ガ類害虫による被害抑制への利用が進んでおり，詳しくは第8章に記す．

性フェロモンは，ガ類の他にアリ類，ハエ類，カメムシ類などでも知られている．アブラムシは多くが単為生殖で増えるが，冬季に有性繁殖を行う．その際に雌の後肢から放出され雄を誘引する性フェロモンが働く．ソラマメヒゲナガアブラムシ *Megoura viciae japonica* の近縁種 *M. viciae* の性フェロモンは，nepetalactone と nepetalactol の混合物（Dawson et al, 1987）である．nepetalactol はネコがマタタビに横たわり，擦る反応を引き起こす物質でもある（図 2.3）．

Box 2.1　ガスクロマトグラフィー-触角電図法とガスクロマトグラフィー-質量分析法

昆虫のフェロモンを研究する際には，フェロモンの働きと化学構造を解明する必要がある．フェロモンの働きは生物検定により昆虫の反応を解析し，化学構造はガスクロマトグラフィーや質量分析装置などにより推定する．ここでは，ヒメボクトウの性フェロモンを例にどのように解析するかを紹介する．

まず性フェロモンを解析するには，フェロモン源からフェロモンを集める．かつてはヘキサンなど有機溶媒で抽出していたが，技術が進んだ現在では揮発成分のみを吸着する吸着剤を使うことが多い．これによりフェロモン以外の余計な成分がサンプルに含まれるのを防ぐことができる．それでも試料には複数の化合物が含まれるので，活性を示すピークを押さえるために用いるのがガスクロマトグラフィー-触角電図法（Gas chromatography-Electroantennography : GC-EAG）である．ガスクロマトグラフィーは，調べようとする試料を気体状態にし，キャリヤーガスにのせてカラム内へ送り込み，複数成分の混合物から各成分を分離・分析する装置である．微量分析技術が進んで現在ではナノグラム（10^{-9} グラム）以下の量でも検出でき，昆虫が放出する量にもよるが1匹の昆虫が放出するフェロモンをも検出できる．GC-EAG は GC のカラムの出口を二つに分け，溶出する化合物を GC の検出器に流すとともに，雄の触角にも流し，触角の電気生理学的反応を捉えることにより，物質の化学分析と生物検定を同時に行う（図 2.4）．解析結果にはクロマトグラムと触角電図が同時に表示される（図 2.5(a)）ので，複数存在する化合物ピークの中で触角が応答するピークを容易に特定できる．

活性ピークを特定できたら，ガスクロマトグラフィー-質量分析法（Gas chromatography /Mass spectrometry: GC/MS）GC/MS によりそのピークの構造を推定する．GC/MS とは，分子をイオン化し，質量ごとに分離する装置である．図 2.5(b) にヒメボクトウの性フェロモン活性ピークのマススペクトルを示す．この結果から候補分子の質量，官能基などを推定できる．他の化学的分析法も含めて最終的に推定した化学構造を有する化合物と触角電図のピーク（ここではヒメボクトウ雌由来の EAG 活性成分）のマススペクトルが合致すれば，この合成品を用いた室内実験や野外誘引実験を行って，最終的に同定に至る．

ただし，ある化合物が触角に反応を引き起こしたからといって，行動をも引き起こすとは限らないので，最終的には構造決定した化合物を用いて行動を指標にした生物検定が不可欠である．

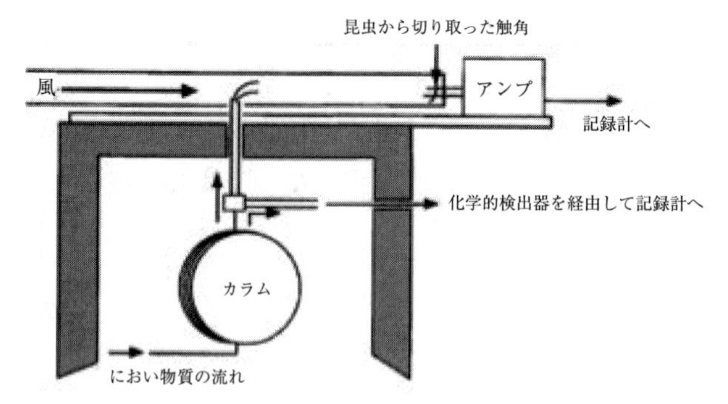

図 2.4　ガスクロマトグラフィー-触角電図法（GC-EAG）の仕組み

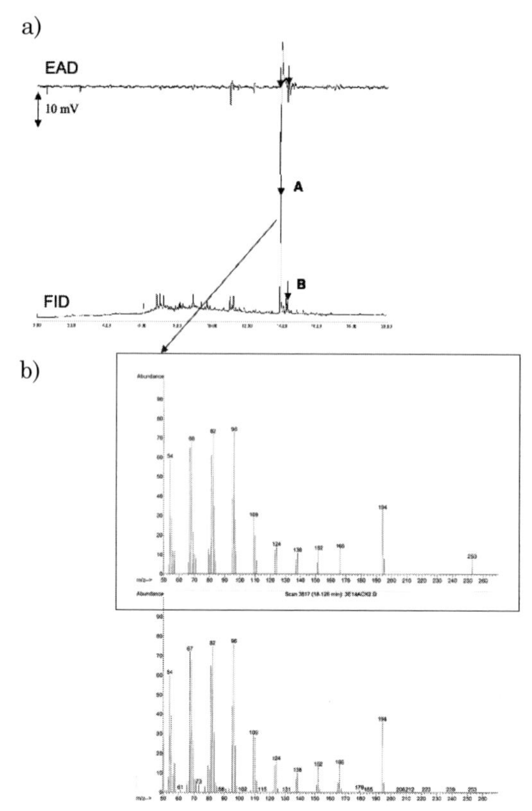

図 2.5　a）ヒメボクトウ雌から揮散する物質のクロマトグラム（FID）と触角電図（EAD），b）ピークＡのマススペクトル（上，四角で囲んだもの）と合成した *E*3-14Ac（推定されたヒメボクトウの性フェロモン）のマススペクトル（下）

□ 2.1.2 集合フェロモン

同種個体が集まり，集団の形成を引き起こすフェロモンが集合フェロモン（aggregation pheromone）である．集団の形成には捕食者などの天敵に襲われにくくなる，餌資源を利用しやすくなるなどの利点がある．例えば，集合フェロモンの化学構造が解明されているチャバネゴキブリは，単独で飼育すると集団で飼育したときよりも成虫になるまでにより多くの日数を要する．

米国では針葉樹の重要な害虫である樹皮下キクイムシの寄主植物への定位や繁殖に関わるセミオケミカルが詳しく解析されている．まず，少数のパイオニアと呼ばれる個体が樹木のにおいを手がかりに穿入する木を見つける（一次攻撃）．樹体内に穿入したパイオニアは集合フェロモンを放出し，木から排出される木屑と糞が混じったフラスから集合フェロモンが揮散し，多数の雌雄個体が木に集まって，樹木に穿入する（二次攻撃あるいは集中加害）．*Ips* 属ではパイオニアは雄であり，ipsenol，ipsdienol，*cis*-verbenol が集合フェロモンである（図 2.6(a)）．一方，*Dendroctonus* 属では雌がパイオニアとなり，frontalin，seudenol，*trans*-verbenol を集合フェロモンとして放出する（図 2.6(b)）．さらに樹体内の密度が増えると餌不足に至るので，さらなる集合を抑えるために抗集

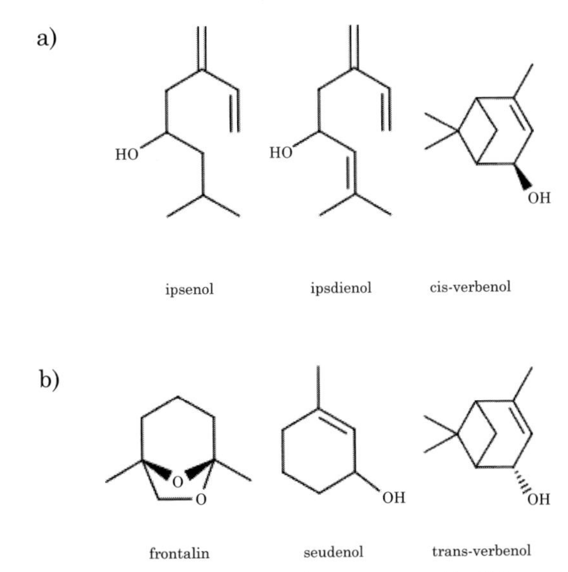

図 2.6 a) *Ips* 属の集合フェロモン，b) *Dendroctonus* 属の集合フェロモン

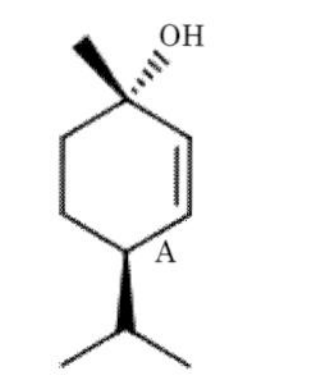

図 2.7　カシノナガキクイムシの集合フェロモン

合フェロモン（anti-aggregation pheromone）が放出される．

我が国で近年被害が全国的に広がっている「ナラ枯れ」の原因菌であるナラ菌を媒介するカシノナガキクイムシは，最初に雄成虫が樹体に穿入した後に樹体から排出されるフラス中に集合フェロモンが放出され，多数の雌雄成虫が集まってくる．この集合フェロモンは（1*S*, 4*R*)-*p*-menth-2-en-1-ol であり（図 2.7，Tokoro et al., 2007），大量誘殺用に実用化されている（112 ページ参照）．

カメムシ類は野菜や果樹の害虫が多く，セミオケミカルの研究が進んでおり，雄成虫が放出して，雌雄成虫や場合によっては幼虫も誘引する集合フェロモンが，ホソヘリカメムシやミナミアオカメムシ，チャバネアオカメムシ，ツヤアオカメムシなどで明らかにされている．マメ科植物の重要害虫であるホソヘリカメムシ *Riptortus pedestris* の雄が放出する集合フェロモンは，(*E*)-2-hexenyl (*Z*)-3-hexenoate: (*E*)-2-hexenyl (*E*)-2-hexenoate: tetradecyl isobutyrate=1:5:1 であり，雌雄成虫に加えて幼虫も誘引される（Leal et al, 1995）．誘引される幼虫は 2 齢幼虫が多く，このことは，雌成虫が卵寄生バチの産卵を避けるために非寄主植物上に産んだ卵から孵化して最初に餌をとる 2 齢幼虫が，寄主植物上にいる雄成虫が放出する集合フェロモンを手がかりに寄主植物に定位することを示唆している．なお，ホソヘリカメムシを含めて複数種の集合フェロモンが発生予察用に実用化されている（111 ページ参照）．

□ 2.1.3　警報フェロモン

アリなどの社会性昆虫，アブラムシ類やカメムシ類など集団を形成する昆虫において，天敵などに襲われた個体が放出し，大きな集団を形成するアリ種では敵を集団で攻撃し，アブラムシでは同種の他個体に逃避・分散行動をひき起こすのが警報フェロモン（alarm pheromone）である．

身近なところでは，我々がカメムシに触れたら臭いと感じるいわゆるカメムシ臭である．この臭いの一つは *E*2-6Al である．この化合物はアリなどに対する防御物質としてカメムシが分泌し，同時に集団の他個体に対する警報フェロモンの役割も果たしている．ナガメでは若虫から分泌された *E*2-6Al が他の若虫個体が植物体上から落下する反応を引き起こす（Ishiwatari, 1974）．

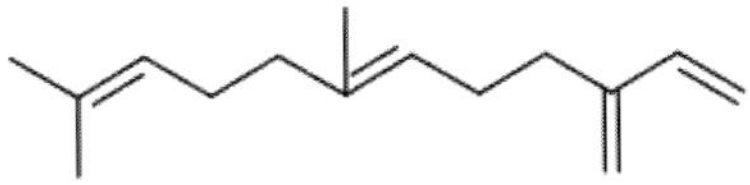

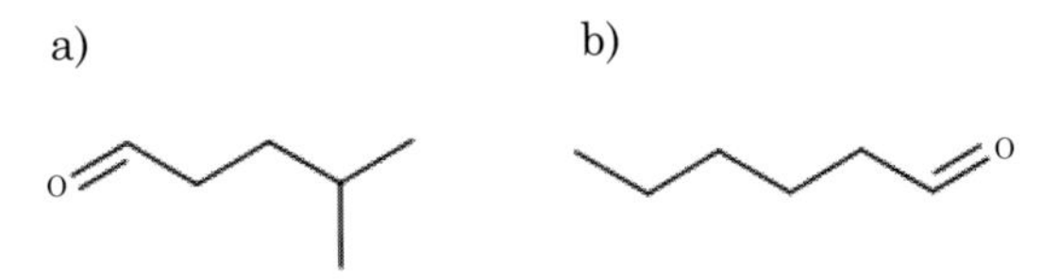

図 2.8 (*E*)-β-farnesene の構造

図 2.9 ラットの警報フェロモン a) 4-methylpentanal, b) hexanal

また，アブラムシ類はテントウムシなどの天敵に捕食されると，捕食された個体が腹部にある角状管から警報フェロモン（成分は（*E*)-β-farnesene，図 2.8）を放出し，周囲のアブラムシは逃げる，植物体から落下するなどの逃避行動をとる．

警報フェロモンは哺乳類にも存在する．ストレスがかかった状態のラットは，特異的なにおいを空気中に放出する．すると周囲にいた別のラットは不安状態になり，様子をうかがう行動を取ったり隠れたりする．このにおいには 2 種類のアルデヒド，4-methylpentanal と hexanal（図 2.9）が含まれており，この 2 つの化合物の混合物は周囲にいるラットに回避行動を引き起こす（Inagaki et al, 2014）．

□ 2.1.4 道しるべフェロモン

道しるべフェロモン（trail pheromone）は，巣を作るアリ類やシロアリ類で存在が知られており，巣から餌場への経路，あるいは逆に餌場から巣への帰路を巣仲間に知らせる働きをもつ．餌場から巣へ帰る個体は腹部末端を地面につけながら歩き，このとき地面にフェロモンが残される．餌を運ぶ個体数が増えればフェロモンの濃度が上昇し，道しるべがフェロモンによってより明確に示されることになる．

世界の侵略的外来種ワースト 100 にも含まれ，我が国でも一部地域にて定着しているアルゼンチンアリや，近年たびたびコロニーが見つかり話題にあがるヒアリも道しるべフェロモンを用いて餌場と巣の間の往来を行う．アルゼンチンアリの道しるべフェロモンは，*Z*9-16Al で，一部のガの性フェロモンとして同定されており，国内で発生予察や交信かく乱に用いられている化合物である．この化合物を自然に存在する量以上に処理することにより，道しるべをかく乱して，アルゼンチンアリの密度を減らす試みもなされている（Tanaka et al., 2009; Suckling et al., 2010）．

幼虫が糸を吐いて集団で巣を作るガの中には，餌場から巣に戻る際に道しるべを残す種がある．カレハガ科のガは一つの卵塊から孵化した幼虫が集団でテントを作って生息する．アメリカに生息するその1種 *Malacosoma americanum* ではテントから揮発性の低いステロイドフェロモン 5β-cholestane-3, 24-dione が道しるべフェロモンとして同定されている（Crump et al., 1987）．日本に生息し幼虫が集団で巣を作るオビカレハは近縁種なので，道しるべフェロモンを利用している可能性はある．*M. americanum* では合成の道しるべフェロモンにより幼虫集団を崩壊させて，密度低下をもたらすことも試みられている（Fitzgerald, 2008）．

□ 2.1.5 密度調整フェロモン

餌資源内にて密度が高くなりすぎないように働くのが密度調整フェロモン（spacing pheromone）である．集合フェロモンによって集中加害を引き起こす樹皮下キクイムシでは集まる個体数が多くなると逆にその樹木を忌避する働きを有する抗集合フェロモンが放出される．樹皮下キクイムシの1種 *Dendroctonus pseudotsugae* の抗集合フェロモンは，3-methyl-2-cyclohexen-1-one（図 2.10）であり，この物質と本種の集合フェロモンを組み合わせたトラップにはキクイムシがほとんど誘引されなくなる（Rudinsky et al., 1972）．これは，樹体内の幼虫密度が高くなりすぎて，餌などの資源が不足に至るのを防ぐ仕組みであると考えられる．

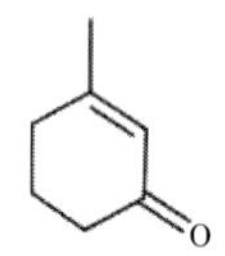

図 2.10 *Dendroctonus pseudotsugae* の抗集合フェロモン 3-methyl-2-cyclohexen-1-one

また，米国でリンゴ果実に産卵するミバエの一種においては産卵時に果実にフェロモンを残し，他の個体によるさらなる産卵を抑制し，幼虫の餌をめぐる競争を低下させることが知られている．このようなフェロモンを産卵抑制フェロモンと呼ぶ．

□ 2.1.6 給餌フェロモン

きわめて最近明らかになったフェロモンである．モンシデムシ属の仲間は，親がネズミや小鳥などの小動物の死肉を見つけると地中に埋め，死肉の一部を食べて消化した液体を子どもに口移しで給餌しながら，母親と父親が協力して幼虫を育てる．ヨツボシモンシデムシは親が給餌のタイミングを給餌フェロモン（provisioning pheromone）の分泌により幼虫に知らせると，幼虫は餌乞いをして餌を求める．このとき放出されるフェロモンは 2-phenoxyethanol である（Takata et al., 2019）．ちなみに 2-phenoxyethanol はシロアリの道しるべフェロモンとしても知られている．

給餌フェロモンに似ているのが哺乳類で乳児に乳房の位置を知らせる乳房フェロモン（mammary pheromone）である．アナウサギ *Oryctolagus cuniculus* の新生児は母乳のにおいをかぐと口を開いて，吸いつこうとする．母乳以外のにおいに対してはこのような反応は示さない．母乳に含まれるにおいを分析し，新生児の反応を解析した結果，ミルクや乳首に存在する 2-methyl-but-2-enal が生まれたての子の乳飲み行動を引き起こすフェロモンであることが明らかになった（Schaal et al., 2003）．

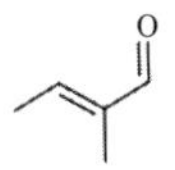

図 2.11 ウサギの乳房フェロモン

2.2 シグネチャーミックス

□ 2.2.1 社会性昆虫の血縁認識

社会性を持つアリ類やハチ類は，出会った個体が同じ巣の個体か，異なる巣の個体かを見分けて，異巣個体に対しては攻撃行動を示し，同巣個体には栄養交換やグルーミング行動を示す．同巣個体なのか，異巣個体なのかを識別する化学的手がかりとなる物質はシグネチャーミックスのひとつである．昆虫の体表にある脂質は本来乾燥や病原菌の感染を防ぐ働きをもつが，脂質の中の炭化水素組成がアリ類などでは巣ごとに異なり巣仲間認識に用いられている．これらについては第 5 章で詳しく述べる．

□ 2.2.2 アメリカンロブスターの個体認識

アメリカンロブスターの雄は優位性を確立するために雄同士が激しく闘う．なぜなら通常優位な雄のみしか雌と交尾できないからである．闘いの際にオスは尿をパルス状に放出する．負けた個体はすぐに尿の放出を止め，その後 1 週間はほとんど争いが起こらない．これは敗者が勝者を避けるためで，その際には勝者の尿に含まれる個体特有のシグネチャーミックスを敗者が嗅覚的な手がかりとして認識して，勝者を避けている．ロブスターはシグネチャーミックスにより水中で互いを化学的に認識できるのである（Aggio and Derby, 2011）．

2.3　アレロケミカル

アレロケミカルは，信号の発信者と受信者にとってそれぞれ有利かどうかで 3 つに分類される（表 2.3）．すなわち，信号の発信者，受信者双方にとって有利なものがシノモン，発信者にのみ有利なアロモン，受信者にのみ有利なカイロモンである．

表 2.3　アレロケミカルの定義

名称	情報の発信者	情報の受信者
シノモン	有利	有利
アロモン	有利	不利
カイロモン	有利	不利

□ 2.3.1　シノモン

信号の発信者，受信者双方にとって有利なアレロケミカルがシノモン（synomone，syn- はギリシャ語で「両方に」を意味する）であり，花の香りはその一例である．顕花植物の多くは自家受粉では種子ができない自家不和合性を示す．他個体の花粉で受粉される必要があり，ここに動物や昆虫が大きな役割を果たしており，顕花植物の 87.5％が昆虫や動物により受粉しているとの報告がある（Ollerton et al., 2011）．虫を誘引する花のにおいは，虫にとっては花蜜や花粉などの餌資源を見つける働きが，花にとっては花粉媒介を確実にして受精する働きがあり，双方にとって有利である．中には餌資源以外の目的に花を利用している例もある．ミカンコミバエはランの香りであるメチルオイゲノール（図 2.12）に誘引され花にたどりついた雄成虫は花びらをしきりになめて，メチルオイゲノールを体内に取り込

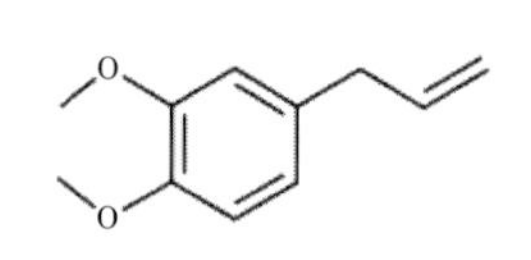

図 2.12　メチルオイゲノール

む．そして自身が放出する性フェロモンへ化学的に変換し雌を引きつける（Tan and Nishida, 2012）．

また，1980年代以降明らかになってきたのが，植物とそれを食う植食者，その天敵の三者間関係におけるシノモンである．1983年にリママメ–ナミハダニ–チリカブリダニの三者系において，食害されたリママメは健全なリママメよりも多くのチリカブリダニを誘引する現象が報告されて以降，同様な現象が植物–ガの幼虫–寄生バチや植物–アブラムシ–テントウムシなどの系で明らかにされた．植物が植食者に食害されると，それまで放出していない物質あるいは低濃度で放出していた物質をより高濃度で放出して植食者の天敵を誘引することが数多く報告されている．リママメ–ナミハダニ–チリカブリダニの系では，リナロール，(*E*)-β-ocimene，(*E*)-4,8-dimethyl-1,3,7-nonatriene，サリチル酸メチルが誘引成分として明らかにされている（Dicke et al., 1990）．このような物質は，植食者誘導性植物揮発性物質（herbivore induced plant volatiles: HIPVs）と呼ばれる．詳しくは第4章にて述べる．

□ 2.3.2　アロモン

発信者にとって有利で，受信者にとって不利なアレロケミカルがアロモン（allomone）である．由来はギリシャ語で「他の」を意味する allos である．多くの例は，スカンクが放出する異臭のように発信者が攻撃されたときに放出する防御物質である．セジロスカンク *Mephitis macroura* の肛門嚢から噴射されるにおいから，(*E*)-2-butene-1-thiol（図2.13）をはじめ全部で10成分が検出されており（Wood et al, 2002），肉食獣もこのにおいは避ける．

アゲハチョウの幼虫はわれわれが触れると頭部にある肉角を突き出して柑橘系の刺激臭を発するが，その成分はイソ酪酸と2–メチル酪酸である．ナナホシテントウはヒトが触れると肢の節間膜を破って体液を出すが，体液にはコクシネリン（coccinellin）という苦くて臭う物質が含まれている．ミイデラゴミムシの防御反応はもっと激しい．この虫は触れられるとベンゾキノンと水蒸気を放出する．通常は体内に過酸化水素とヒドロキノンを別々に保持しているが，外部から触れられると，2つの化合物が混じって発熱反応を起こし，熱い蒸気とベンゾキノンを放出する（図2.14）．

図2.13　(*E*)-2-butene-1-thiol

興味深いアロモンの例は，ごまかし（deception）

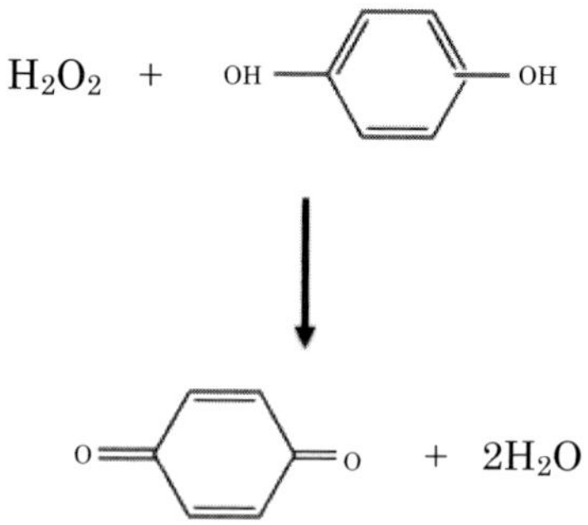

H_2O_2 + OH OH

O O + $2H_2O$

図 2.14　過酸化水素とヒドロキノンの反応によって 1,4- ベンゾキノンと水蒸気が発生する反応

と呼ばれる現象に関わるものである．例えば，ナゲナワグモ *Mastophora phrynosoma* 雌成体は 2 種のガを餌にしているが，ガの性フェロモンをまねて放出し，ガの雄をだましてこれを餌として誘引している．ナゲナワグモは吐いた糸で粘着性を有する餌捕獲用の糸玉を作り，それで餌であるガを捕獲する．その際クモは餌となるガの雌が放出する性フェロモンと同じ物質を放出し，雄のガを誘引してより効率的に餌を捕獲する．しかも餌にするガは 2 種おり，それぞれ活動時間帯が異なるが，活動時間にあわせて放出するフェロモン化合物を変えている可能性もある（Haynes and Yeargan, 1999）．一方，ナゲナワグモ雄成体は体長が 2 mm ほどと大変小さく，ガを捕獲することは困難である．雄成体にはチョウバエの 1 種が餌として誘引されることがわかっているが，物質の関与は明らかになっていない（Yeargan and Quate, 1997）．

米国南西部の砂漠に生息するツチハンミョウの 1 種 *Meloe franciscanus* はハナバチの巣に寄生し，巣内のハナバチの卵や花蜜・花粉を食って成長する．巣内に入り込む方法が大変巧妙である（Saul-Gershenz and Millar, 2006）．ハンミョウの幼虫は植物体上でボール状の集団を形成してハナバチの性フェロモンを放出し，ハナバチの雄成虫を誘引し，近づいたハナバチに乗り移る．そしてハナバチ雄が雌と交尾するときに，今度はさらに雄から雌に乗り移り，ハナバチの雌が巣穴で卵を産むときに巣穴に入り込む．その後卵や，幼虫の餌としてハナバチが用意した花蜜や花粉を食って成長する．

このような他種の種間コミュニケーションをアロモンとして利用している中には植物も存在する．ジャガイモの野生種である *Solanum berthaultii* は葉上の分泌毛からアブラムシの警報フェロモンである（*E*）-*β*-farneseneを放出して，自身を食害するモモアカアブラムシを遠ざけることが知られている（Gibson and Pickett, 1983）．また，ランの中には同じくアブラムシの警報フェロモンを放出してアブラムシの天敵であるヒラタアブを誘引し，送粉者として受粉を仲介してもらうランも知られている（Stökl et al., 2011）．

上述の例はいずれも自身が生産・放出するアロモンであるが，他の生物由来の物質を身にまとってアロモンとして機能させている例がある．フサオマキザル，シロバナハナグマなどはレモンやライムなどカンキツ類を体毛にこすりつけることが知られており，この行動はカンキツに含まれる成分により吸血性のカやマダニを忌避することがわかっている（Weldon et al., 2011）．

身近な例はネコのマタタビに対する反応である．ネコがマタタビの葉をなめたり，噛んだり，頭を葉にこすりつけたり，葉の上に転がったりする反応は大昔から知られていた．ネコ以外にもライオンやヒョウなどのネコ科動物も同じようにマタタビに反応する．しかし，なぜネコがこのような反応を示すのか生物学的意味は不明のままであった．最近マタタビに対するネコの反応を引き起こす物質がnepetalactol（図2.3(b)）であること，さらにnepetalactolは吸血するカに対して忌避作用をもつことが明らかになった（Uenoyama et al., 2021）．nepetalactolはすでに10ページに記したようにアブラムシの性フェロモンでもある．また，ネコがマタタビをなめたり噛んだりするとマタタビから放出されるnepetalactolを含むイリドイド化合物の量が増えて，カをより強く忌避することも解明された（Uenoyama et al., 2022）．自身では生産しないが，植物の香りを身にまとって敵を避けるすべをネコはもっているのである．

防御物質は植物にも数多く存在する．植物がもつ化合物は生命維持に必要なタンパク質，糖，脂質などの一次代謝産物と，必ずしも必須ではないアルカロイドやポリフェノール，フラボノイドなどの二次代謝産物よりなる．そして二次代謝産物は生体防御のために働いていると考えられる．例えばトリカブトはアコニチン系のアルカロイドを有しており，ヒトが食べると中毒になったり，死に至る場合もあることはよく知られている．また，アブラナ科の植物は，二次代謝産物としてカラシ油配糖体を持っているが，多くの植食性昆虫に対して産卵抑制や成長抑制など防御的に働く．一方でアブラナ科植物を好むモンシロチョウはカラシ油配糖体に誘引され，産卵する．そして幼虫にとっては摂食刺激物質として働く．植物と昆虫の関係についてより詳しくは第3章にて述べる．

□ 2.3.3 カイロモン

信号の発信者には不利で，受信者に有利なアレロケミカルをカイロモン（kairomone）と呼ぶ．語源は，ギリシャ語のkairos（好機に乗じる）である．よく知られている例は他種昆虫を捕食する捕食者や，他の昆虫種に寄生する捕食寄生者が，餌や寄主由来のセミオケミカルを利用する傍受（eavesdropping）と呼ばれる現象である．

カッコウムシの1種 *Thanasimus dubius* は樹皮下キクイムシの1種 *Dendroctonus frontalis* を捕食する天敵であり，餌にするキクイムシの集合フェロモンであるfrontalinに反応して餌に定位する（表2.4，Vité and Williamson, 1970）．

また，捕食寄生者である寄生バチや寄生バエでは寄主由来のセミオケミカルを利用している例が多数ある．ガの幼虫に寄生する寄生バチには，寄主の幼虫が食害している植物から放出されるHIPVsや寄主幼虫の大顎腺から分泌される物質を寄主発見の手がかりにしたり，寄主の親である成虫の鱗粉を利用しているものもある．例えば，オオタバコガの1種 *Heliothis zea* の卵に寄生する *Trichogramma evanescens* は *H. zea* 成虫の鱗粉に含まれる炭化水素であるTriocosane $C_{23}H_{48}$ に反応して寄主に産卵する（Jones et al., 1973）．

奄美群島や琉球諸島に生息するタイワンキドクガの卵に寄生するドクガクロタマゴバチは，ドクガの雌成虫の腹部末端にある毛束の中にもぐり込み（図2.15），この雌が雄と交尾して産卵するまで便乗する．ガの雌が交尾して産卵すると，ハチはガの雌から離脱して，ガの卵に自分の卵を産みつける（Arakaki et al., 1996）．ガの雌の毛束にもぐり込むとき，タマゴバチはタイワンキドクガ雌が放出する性フェロモンに反応して雌成虫を発見している．タイワンキドクガの性フェロモンは，16-Me-*Z*9-17:iBuと16-Me-17:iBuの3：1混合物であり，合成した16-Me-*Z*9-17:iBu単独あるいは16-Me-*Z*9-17:iBuと16-Me-17:iBuの3：1

表2.4 カッコウムシのキクイムシ集合フェロモンに対する反応

試した化合物	反応した個体数
frontalinと樹脂	80
frontalin, *trans*-verbenol，樹脂	48
frontalin, verbenone，樹脂	31
樹脂	2

（Vité and Williamson, 1970より作成）

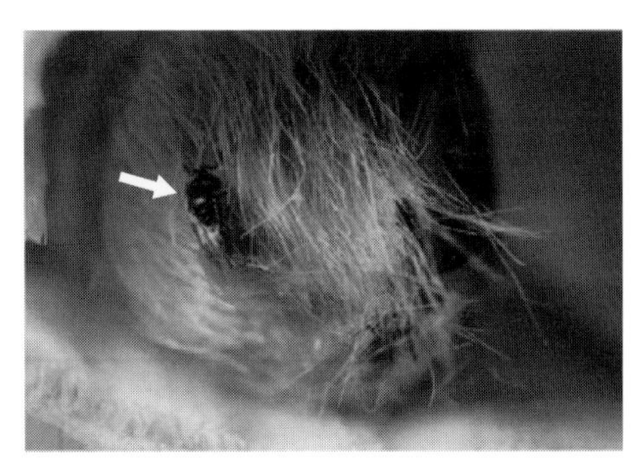

図 2.15　タイワンキドクガ雌成虫の腹部末端にある毛束にもぐり込んでいるドクガクロタマゴバチ（https://www.naro.affrc.go.jp/archive/nias/seika/nises/h07/nises95008.html）

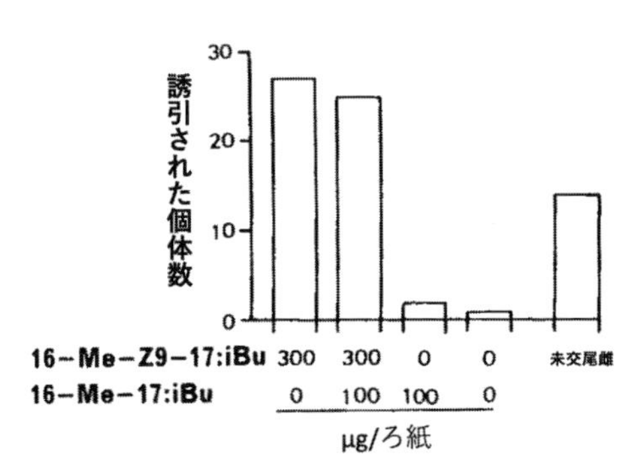

図 2.16　ドクガクロタマゴバチのタイワンキドクガ性フェロモンに対する反応（Arakaki et al., 1996 より）

混合物には寄生バチが多数誘引されることが明らかになっている（図 2.16）．また，ドクガクロタマゴバチは本州にも生息しており，本州ではチャドクガを寄主としているが，本州のタマゴバチはタイワンキドクガの性フェロモンよりもチャドクガの性フェロモンにより強く反応し，沖縄のタマゴバチは逆にタイワンキドクガの性フェロモンにより強く反応する．すなわち寄主由来の性フェロモンへの反応に地域変異のあることもわかっている（Arakaki et al., 1997）．

哺乳類でもカイロモンの例がある．ネコ科やイヌ科などの肉食動物の尿中には生体アミノ酸のフェニルアラニンが代謝されて生成する 2-phenylethyl amine（図 2.17(a)）が多く含まれている．ライオンの尿中には植物を食う動物の 3,000

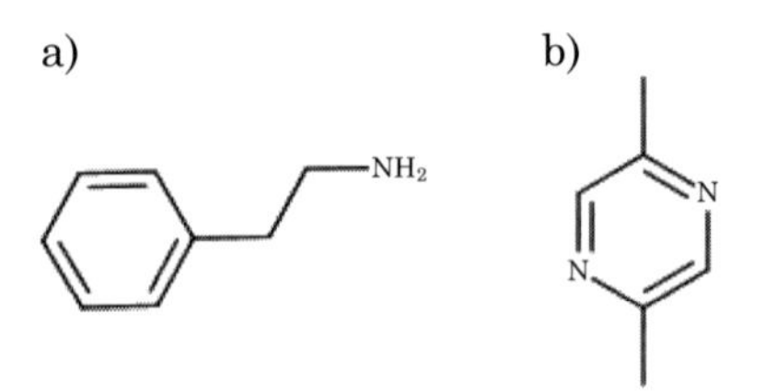

図 2.17 a) 2-phenylethyl amine, b) 2,5-dimethyl pyrazine

倍もの 2-phenylethyl amine が存在する．ラットやマウスなどのネズミ目動物はこの化合物のにおいに対して逃避行動をとることが知られている（Ferrero et al., 2011）．また，オオカミの尿には 2,5-dimethyl pyrazine（図 2.17(b)）が含まれており，マウスをこの化合物にさらすと，動きが固まってしまう凍結反応，さらには逃避行動を示す（Osada et al., 2013）．肉食動物による攻撃を避けるために，肉食動物由来のにおいをカイロモンとして利用している．〔**中牟田　潔**〕

3. 植食性昆虫の寄主選択

3.1 植食性昆虫はどのように寄主植物を選ぶのか？

□ 3.1.1 昆虫の寄主選択のプロセス

昆虫は自由に様々な植物を食べて生活しているように見えるが，実際には限られた植物のみを食草としている．昆虫の寄主植物の範囲はその幅によって，単食性（monophagous）および狭食性（oligophagous），広食性（polyphagous）に大別されるが，ほとんどの植食性昆虫は狭食性である．トノサマバッタのように何でも食べる広食性昆虫や，カイコガのようにクワしか食べない単食性昆虫はむしろ珍しい．しかし，いずれのタイプの食性であれその食草には一定のまとまりがある．このような昆虫の食草の選択を平野（1971）は寄主選択と呼び，概ね以下のように説明している．

> 「寄主選択とは単に昆虫の食物選択行動のみを意味するわけではなく，例えば，産卵選択は食餌選択ではないが寄主選択の第一歩と言える．また，ある植物を摂食できたとしても，その食餌植物は植食性昆虫の栄養要求を満足させる必要があるし，有毒成分などにより完全な成長が行えなければ寄主とはならない．このように昆虫の寄主選択とは，その植物でその個体が完全な発育をとげ，子孫を残し，種として繁栄してゆくことを意味する．さらに，この寄主選択のプロセスには寄主植物の発見，摂食開始，摂食の継続，完全な生育，産卵選択などが含まれる．」

としている．このように寄主選択のプロセスは複雑ではあるが，雌成虫による産卵選択と幼虫の摂食選択の２つの過程に大別できる．例えば，アゲハチョウはランダムな飛翔中に寄主植物を発見するとこれに近づき寄主近傍でホバリング行動に移行する．その後，ドラミングを行い前肢の感覚子で対象植物の産卵適正を確認し産卵する（産卵選択）．卵から孵化した幼虫は産卵部位付近の植物を摂食するが，摂食行動には植物由来の摂食刺激が必要であり，誤って他の植物に移動しても寄主植物以外を摂食することはない（摂食選択）．摂食刺激物質の存在は食餌資源の制約につながる一方で，幼虫が確実に成虫にまで成長できることへの保証になっている．このように，昆虫の寄主選択は子孫を確実に未来に残すシステムであり，これに関わる食草由来の色や形，硬さなどの物理因子や，においや味などの嗅覚，味覚，接触化学感覚などの化学因子はその道しるべとなっている．

□ 3.1.2　寄主選択における物理因子と化学因子

昆虫の寄主選択プロセスは，成虫の産卵選択も幼虫の摂食選択も「発見」と「受容」の2段階に区別でき（表3.1），いずれの段階も物理因子と化学因子によって制御されている．産卵選択の「発見」は「覚醒」と「誘引」を含み，摂食選択の「受容」は「試咬」と「摂食」を含んでいる．本項では寄主選択における両因子の関わりあいを主に物理因子の面から説明する．

例えば，着地しているハエに寄主からのにおいが到達すると，ハエはこれを感知して飛翔する．これは発見段階の最初であり覚醒と呼ばれる．その後，寄主植物に定位しその方向に移動し，誘引によって最終的に寄主植物に到達する．これらの行動は寄主由来のにおい，化学的刺激により引き起こされることが多いものの，風による物理的刺激のみで引き起こされることもある．また，例えばランダムな飛翔中に寄主植物を発見し誘引されるような場合では，覚醒段階はなく誘引段階のみで寄主を発見する．さらに発見段階では，色や形が刺激として働く例も知られている．例えばサバクトビバッタの若虫は長さが10インチ（約25.4 cm）程度の細長い物体に反応し，より小さい物体や，より太い物体には反応しにくい傾向があり，これは食草の大きさや形の重要性を示す一例である（Wallace,

表3.1　植食性昆虫の寄主選択行動とそれを制御する因子

	産卵選択（成虫）		摂食選択（幼虫）	
行動	発見 覚醒・誘引	受容 産卵	発見 誘引	受容 試咬・摂食
化学因子	誘引物質	産卵刺激物質	誘引物質	接触性探索物質 摂食刺激物質
物理因子	風・色・形・ 大きさ	色・形・ 大きさ・高さ	色・形	形・硬さ

1962)．色についてはより多くの研究がなされており，例えば，トマトミバエはオレンジ色の球体によく誘引され，ついで赤や黄に誘引されるものの，青や緑，白，黒にはほとんど誘引されない（Brévault and Quilici, 2007）．これは本種が寄主である熟したトマトに誘引されやすいことと一致している．さらにリンゴミバエでは形と色の協奏効果も知られている．この種は長方形の対象に対しては黄色に誘引され，赤や黒，白には誘引されない．しかし円形の対象に対しては赤や黒に誘引され白と黄色には誘引されない（Prokopy, 1968）．本種はリンゴを寄主とし，前者の黄色の長方形は寄主の葉に，後者の濃色の円形はリンゴの実に対応するものと考えられる．以上のように，走風性や色，形，大きさなどを物理因子と呼ぶ．

たとえ成虫が寄主植物に到達しても無条件に産卵行動が行われるわけではなく，寄主植物として適しているかどうかの最終的な確認が行われる．このときの刺激には植物の表面あるいは表層に存在する化学成分，産卵刺激物質によって確認されることが多い．しかし，物理因子が重要な役割を果たすことも知られている．例えば，タマネギバエでは対象の形や大きさが産卵行動に影響を与え，垂直に立てた棒状体や下向きの円錐体には産卵しやすいが，上向きにした円錐体や円柱体，球体にはあまり産卵しない（Harris and Miller, 1984）．さらに対象物体の直径は 4 ～ 6 cm 程度が最も好まれることがわかっており，タマネギ地上部を想起する因子に刺激される．また本種の産卵行動は色にも大きく影響を受け，黄色の模造タマネギ葉に対して強く産卵行動を示すが，赤や橙，緑，青，黒，白に着色した模造タマネギ葉に対してはあまり産卵しない（Harris and Miller, 1983）．また，オオモンシロチョウは波長 450 nm 前後の可視光線によって摂食行動（吸蜜行動）が誘導されるのに対して，波長 550 nm 前後の可視光線によってはドラミング行動や産卵行動が誘導される（Scherer and Kolb, 1987）．このように昆虫は受け取る波長の違いによって引き起こす行動が異なることも知られている．

卵から孵化した幼虫は産卵された植物を摂食して生育する．しかし寄主植物以外に産卵されることもあるし，幼虫はランダムな移動の結果，寄主植物から移動することもある．そのため，幼虫は摂食行動においても寄主植物からの誘引因子を利用する．ここでの誘引は成虫の産卵場所への誘引とは異なりごく近距離に限った誘引である．その後，幼虫は葉の表面の化学因子を手掛かりに葉に対する接触性の探索行動を行い，寄主として受容すれば噛みつき行動（試咬）を行う．

試咬の後は植物中の化学因子が摂食刺激物質として働き，摂食行動が開始・継続される．このように，幼虫の摂食選択を左右する刺激は化学因子であることが多い．これはチョウ目やハエ目など完全変態を行う昆虫の幼虫は視覚が発達していないためである．しかし，チョウ目昆虫の幼虫が，特に若齢の幼虫が硬すぎる葉を摂食できないように，物理的な因子が摂食選択に影響を与えることもある．例えばホソアワフキは寄主植物であるヤマハハコ（キク科ヤマハハコ属）にトライコームがなければ自由に摂食できるが，トライコームがあると 4 齢・5 齢若虫は完全に摂食できるものの，初齢や 2 齢若虫はほとんど摂食できない（Hoffman and McEvoy, 1985）．またオナシアゲハの幼虫の誘引は寄主植物の大きさや形の他に，黄緑色から緑色を呈する 500 ～ 600 nm の波長に影響を受ける（Saxena and Goyal, 1978）．このように幼虫の摂食選択においても物理因子が化学因子とともに利用されることがある．

□ 3.1.3　植物の代謝産物と寄主選択

植物の生産する一次代謝産物と二次代謝産物は両者ともに昆虫の寄主選択に利用されている．一次代謝産物は糖や脂肪酸，タンパク質，核酸などの生命活動に直接的に関与する物質であるため，基本的に生物に共通の化学物質である．一方で二次代謝産物は生命維持に直接関与はしないものの生存戦略上必要な化学物質である．この二次代謝産物は植物の進化の過程で多様なストレス，特に植食者や病原体に対する抵抗性の一部として多様化してきた（表 3.2）．そのため，その存在は一部の植物群に限定的であることがあり，結果として植物群を特徴づけることもある．二次代謝産物は非含窒素化合物と含窒素化合物とに大別され，非含窒素化合物にはテルペノイド（揮発性，不揮発性）やフェノール類，ポリアセチレン，葉の香（GLVs：green leaf volatiles）などがあり，含窒素化合物にはアルカロイド，非タンパク質アミノ酸，青酸配糖体，カラシ油配糖体などがある（表 3.2）．これらの中で，揮発性テルペノイドやフェノール，フラボノイド，GLVs は植物に普遍的に存在する二次代謝産物であり，その他は植物群に特異的な化学物質である．ただし，表において普遍的と記載したアルカロイドには様々なタイプ，例えばナス科植物のトロパンアルカロイドやキク科植物のセネシオアルカロイド，ヒガンバナ科植物のヒガンバナアルカロイドなどがあり，各タイプのアルカロイドは生合成経路も全く異なる．そのためアルカロイドの存在自体は普遍的であるものの，各タイプのアルカロイドは特定の植物群に偏在していると

表 3.2 植物の生産する化学物質と植物界における分布の概略（Harborne, 1977 を改変）

化合物群		分布
一次代謝産物		
糖・アミノ酸・核酸・脂肪酸		生物に共通に存在
二次代謝産物		
非含窒素化合物		
テルペノイド		
（揮発性）	モノテルペン	精油成分として普遍的
（不揮発性）	サポニン	広範囲の科に散在
	リモノイド	ミカン科など数科に存在
	ククルビタシン	主にウリ科に存在
	カルデノライド	キョウチクトウ科・ガガイモ科を中心に数科に存在
フェノール類		
	フェノール	植物に普遍的に存在
	フラボノイド	シダ植物以上に普遍的に存在
	キノン	広範囲の科に散在する
ポリアセチレン		主にキク科・セリ科に存在
GLVs		精油成分として普遍的
含窒素化合物		
アルカロイド		被子植物に広く存在
非タンパク質アミノ酸		広範囲の科に散在するがマメ科に多い
青酸配糖体		広範囲の科に散在
カラシ油配糖体		アブラナ科を中心に存在

いえる．これはフラボノイドやテルペノイドにもあてはまり，特殊化したフラボノイドやテルペノイドが植物群を特徴づけることもある．

次に，このような植物の一次代謝産物および二次代謝産物と寄主選択の関係を「寄主選択のプロセス」と「昆虫の食草の幅」の2つの点からみていく．まず寄主選択のプロセスに注目すると，寄主選択の初期段階，発見段階では昆虫は必ずしも寄主植物のみを発見対象にするわけではなく，寄主植物を含む「寄主植物に似たもの」を発見し，それに誘引される．つまり発見段階で利用される色や形などの物理因子で寄主植物を特定できるわけではなく，単に寄主植物らしきものを絞り込んでいく条件となっている．これは化学因子でも同様であり，発見に用いられる刺激物質は植物に普遍的に存在するテルペノイド（揮発性）やGLVsが利用されることが多い．一方で植物に到達後の受容段階では寄主植物の最終確認のため厳密さが求められ，植物群を特徴づける化学物質が利用されることが多い．次に昆虫の食草の幅に注目すると，広食性昆虫は幅広い様々な植物を寄主とするため，発見と受容の両段階において植物に普遍的な色や形などの物理因子，および揮発性テルペノイドやGLVsなどの普遍的な化学物質を利用して寄主選択を行っている．一方で，限られた範囲の植物を寄主とする単食性および狭食性昆虫はその植物群に特徴的な化学物質を寄主認識に利用することが多い．これらは産卵選択および摂食選択のいずれの場合でも同様である．実際の寄主選択では，植物全般に普遍的な化学物質のみ，あるいは植物群に特徴的な化学物質のみが利用されることはあまりなく，両タイプの化学物質をそれぞれ複数利用していることが多い．加えて，摂食選択では一般的な味成分であり栄養素でもある単糖やアミノ酸，脂肪酸などが摂食刺激物質として働くことが多く，実際に砂糖水をしみ込ませただけのろ紙を与えるだけでも摂食行動の一部が観察できる．

今まで述べたように昆虫は物理因子とともに化学因子を利用して自身の寄主植物の絞り込みを行い寄主選択につなげている．しかし本来，植物の二次代謝産物は単純毒性や忌避性，辛味や苦みなどの摂食阻害活性などを示すことで，植物が自身を防御するために進化させてきたものである．すなわち，今まで説明した寄主選択のプロセスにおいては，寄主選択を阻害する物質がないことが前提となる．見方を変えると，本来は昆虫の摂食や成長を阻害するはずの二次代謝産物が植物中に数多く存在するにもかかわらず，ある昆虫はそれらのすべての二次代謝産物に寄主選択行動を阻害されないばかりか，いくつかの化学物質を自身の寄主選択に利用している．これが偶然生じる可能性は天文学的な確率になるはずであるが，自然界ではその組み合わせに溢れている．この奇跡のような関係を次節以降で説明する．

3.2 寄主選択を促進する化学因子

成虫の産卵選択と幼虫の摂食選択からなる寄主選択には化学因子と物理因子が複雑に関与することを説明してきた．この節では寄主選好を促進する化学因子に的を絞り紹介する．例えば，アオスジアゲハはクスノキやタブノキを寄主としており，一見似ているツバキやオリーブなどを寄主とすることは決してない．いったいなぜなのか？　化学因子を中心に解明が行われた（図3.1）．アオスジアゲハはランダムな飛翔中に何かをきっかけとして寄主植物に近づきホバリング行動に移行する．誘引の際には*n*-ノナナール（*n*-nonanal: 9Al）と*n*-デカナール（*n*-decanal: 10Al）が誘引物質として機能している（Li et al., 2010）．9Alや10Alは普遍的に存在する木の葉の香りの一種である．その後アオスジアゲハは

図 3.1 アオスジアゲハの寄主選択プロセスと化学因子

ホバリングからドラミングに移行する．チョウがドラミングを行うと前肢の感覚子が植物体内に入り込み植物体内の化学物質を感知することができる．このときケルセチン–3–グルコシド（quercetin-3-*O*-*β*-glucopyranoside）とクロロゲン酸（chlorogenic acid），ショ糖（sucrose）が同時に存在すると産卵行動が引き起こされる（Li et al., 2010）．このような化学物質を産卵刺激物質と呼ぶ．産みつけられた卵から孵化した幼虫は産卵部位付近の植物を摂食し成長する．アオスジアゲハ幼虫は植物を摂食する際に，前述の 3 種の産卵刺激物質の他に *α*–リノレン酸（*α*-linolenic acid）を摂食刺激物質として感知し，自身が摂食する寄主植物を選んでいる（Zhang et al., 2015）．このように産卵刺激や摂食刺激には二次代謝産物だけでなく一次代謝産物が利用されることもある．また植物に産卵や摂食を阻害する物質がないことも必要となる．

□ 3.2.1 誘 引 物 質

植食者が寄主植物にたどり着くためには色や形などの物理因子よりも，化学因子である誘引物質が主に利用される．アオスジアゲハの寄主選択の例で，アオスジアゲハ成虫が誘引される 9Al や 10Al は「重い感じのするの木の葉の香り」であった．このように植食者が自身の寄生部位に関連する化学物質に誘引されるのは当然のことといえる．そこで，ここでは昆虫がよく誘引される「葉のにおい」と「花のにおい」に分けて説明する．

葉のにおい 植食者の植物の摂食部位は多様であるが，多くの場合は地上部，特に葉であることから，多くの植食者は「葉のにおい」に誘引される．葉のにおいは複数の化学物質の混合物であり，その主体はGLVsと呼ばれる炭素数6の化合物群である．GLVsは，定義にもよるが図3.2に示した8化合物（青葉アルデヒド（(*E*)-2-ヘキセナール，(*E*)-2-hexenal）や青葉アルコール（(*Z*)-3-ヘキセノール，(*Z*)-3-hexen-1-ol）など）およびこれらの類縁体を示すのが一般的である．葉のにおいには，GLVsに加えてテルペノイドや芳香族化合物が含まれていることが多い．各物質の含有量は種によって異なるのはもちろん，植物の部位や成長段階，季節でも異なることがある．このような化合物の組成や比率の多様性は，植物の葉のにおいが「よく似てはいるものの少し異なる」という我々人間の感覚につながっている．昆虫はこのようなにおいの違いを正確に認識しているのであろうか？ 実際の所はケースバイケースであり，例えば広食性のサバクトビバッタはGLVsのいくつかだけを誘引物質として利用しており（Njagi and Torto, 1996），一般的な葉のにおいの共通成分に誘引されることで幅広い植物にアプローチする機会を作っている．

花のにおい 植物に来訪する昆虫が基本的に植食者であり害虫であるとの立場で述べてきた．一方で，いわゆる訪花昆虫は訪花し吸蜜するとともに花粉を媒介することで，植物と相利共生関係を構築している．そのため花への来訪者に対しては，植物は特別な誘引因子を発達させている．まず，我々が愛でて楽しむ「花」といわれる植物器官は，花弁や萼などが大きく発達しアピールしている．このアピール先はまさに昆虫や鳥などであり，実際，被子植物の90％は虫媒を中心とした動物媒である．この「花」自体が昆虫への誘引因子であり，形や色などの物理因子と誘引物質としての化学因子が含まれる．この化学因子は花のにおいであり，多くの昆虫はこれを誘引因子として利用している．花のにおいは，モノテルペンやセスキテルペン，芳香族化合物（図3.2）などの混合物であり，GLVsが含まれることもある．このように植物は明らかに花のにおいを葉のにおいとは変えており，これは送粉者へのアピールにつながる．同時に，人にとって花のにおいが葉のにおいに比べて多様であることを裏づけるように，花のにおい成分は多様であり，訪花昆虫はこれらを利用してある程度は選択的に花に来訪することができる．そのため利用する成分次第で寄主範囲をある程度限ることができる．その典型例が我々が不快と感じるにおいである．

クリスマスローズやハナウドは魚が腐敗したときに生じるような不快なアミン

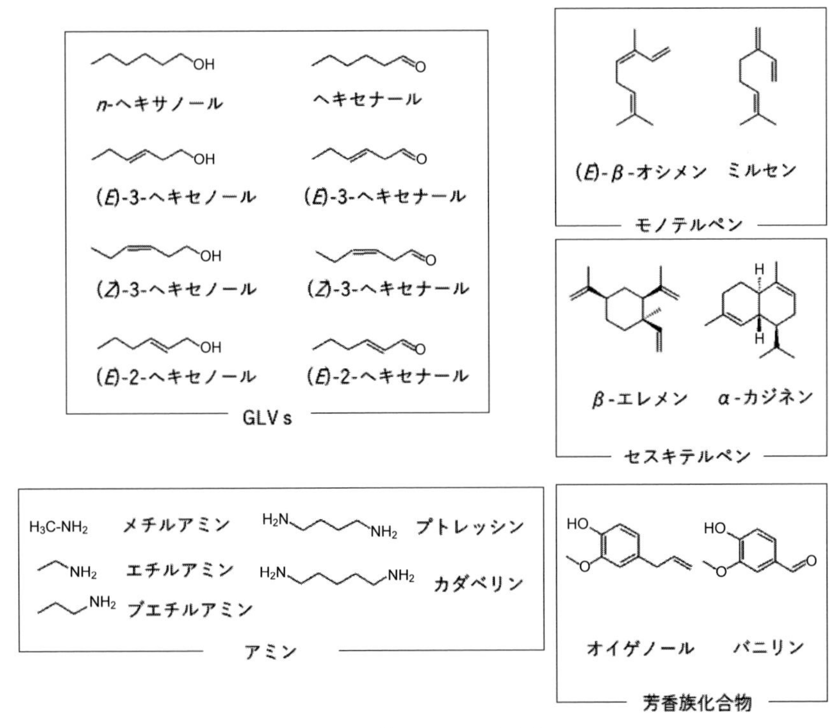

図 3.2　様々なにおい化合物

臭（図 3.2）を発することが知られている．実際にクリスマスローズは夜間に臭気を発するため，観賞用の鉢植えは就寝前に窓の外に出す習慣がある（但し，近年では臭気を発しない品種が開発されている）．なぜ夜に臭気なのであろうか？クリスマスローズの花は目立たない薄緑であり訪花昆虫へのアピールは低い．またチョウやハチなどの訪花昆虫の多くは昼行性である．そのような中，夜に臭気を発するのはハエなどの夜に活動する昆虫を誘引するためである．ハエは通常はあまり訪花せず，くさいにおいを発する獣の糞や動物の死骸に集まる習性がある．この習性を利用してクリスマスローズはハエを誘引して送粉者として利用している．さらにハエが臭気を発する植物しか訪花しない状況は，ハエが前回も同様の花に訪れている可能性，すなわち同じ種の花を訪花している可能性が高まり，効率的に送粉することができる．

このように，昆虫はそれぞれの方法で，物理因子と化学因子を利用して寄主植物に到達している．

□ 3.2.2　産卵刺激物質

キャベツやカラシナなどアブラナ科の農作物は虫食い跡が生じると途端に市場価値が低下する．アブラナ科作物を加害する害虫のなかでもコナガは農薬への抵抗性を獲得し難防除害虫とみなされ，その行動は詳細に検討が行われてきた．Gupta and Thorsteinson（1960）は，アブラナ科植物に特有のカラシ油化合物が硫黄を含むことに着目し，シロガラシ（*Brassica alba*）やクロガラシ（*Brassica nigra*）を，硫黄を含まない培養液で水耕栽培してコナガに産卵を促すと，完全培養液で栽培した植物への産卵数より明らかに少ないことを見出し，コナガの産卵行動とカラシ油の存在の関連性を見出した．その後，Reed et al.（1989）によってコナガの産卵刺激物質がカラシ油配糖体であることが報告された（図 3.3）．興味深いことに，アブラナ科には様々なタイプのカラシ油配糖体が存在し，いずれも同程度の産卵刺激活性を示したが，加水分解された辛味を呈するカラシ油自体には産卵刺激活性がほぼなかった．このように，昆虫の化学物質への応答性はその化学構造を厳密に区別する場合とあいまいに区別する場合がある．厳密さはそのまま食草選択の厳密さにつながり，その種が生育できることとの保証，種の維持をもたらす．一方，産卵刺激物質への認識のあいまいさは，食草選択のあいまいさにつながり生育保証の確度は下がるものの，食草進化のカ

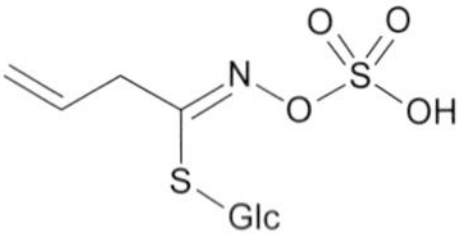

アリルグルコシノレート
（カラシナ）

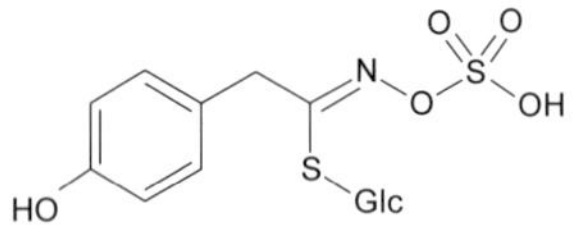

p-ヒドロキシベンジルグルコシノレート
（シロガラシ）

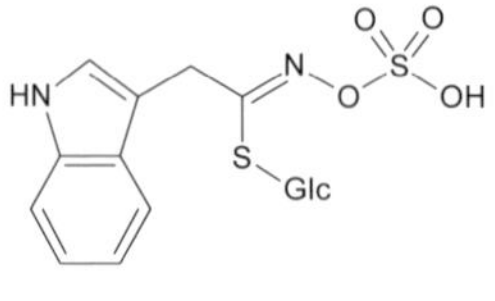

3-インドールメチルグルコシノレート
（セイヨウアブラナ）

図 3.3　数種のアブラナ科植物に含まれるコナガの産卵刺激物質（Reed et al., 1989）

ギの一つとなる.

□ 3.2.3 摂食刺激物質

カイコはミツバチと同様に農業上は家畜に位置づけられ，人の生活にとって重要な昆虫である．特に戦前の日本ではカイコの飼育に基づく絹糸と絹織物の生産は主要産業の一つであり，一時期は輸出総額の 4 割をも占めるほどであった．そのため日本ではカイコの様々な研究が盛んに行われ，その中でも「カイコはなぜクワしか食べないのか？」という問いへの取り組みは世界に先駆けて行われてきた．ここではカイコの摂食に関与する物質について報告された当時の行動の呼称に基づいて紹介する（浜村，1963，図 3.4）.

チョウ類の寄主選択には成虫による寄主植物への産卵が重要であることを述べたが，カイコガは何らかの基質に産卵することなく，時が満ちれば単に身の周りに産卵する．すなわちカイコは孵化後に自身の食草まで移動してようやく寄主植物の摂食が可能となる．そのためカイコ幼虫にはクワにたどり着くための誘引因子がまず必要となる.

誘引因子（図 3.4）としてクワからは青葉アルコール（3-hexen-1-ol）や青葉アルデヒド（2-hexcenal），シトラール（citral），リナロール（linalool），酢酸リナリル（linalyl acetate），酢酸テルピネル（terpinel acetate）が報告されており，いずれも植物葉の一般的な香気成分である．実際に，クワ以外の植物，例

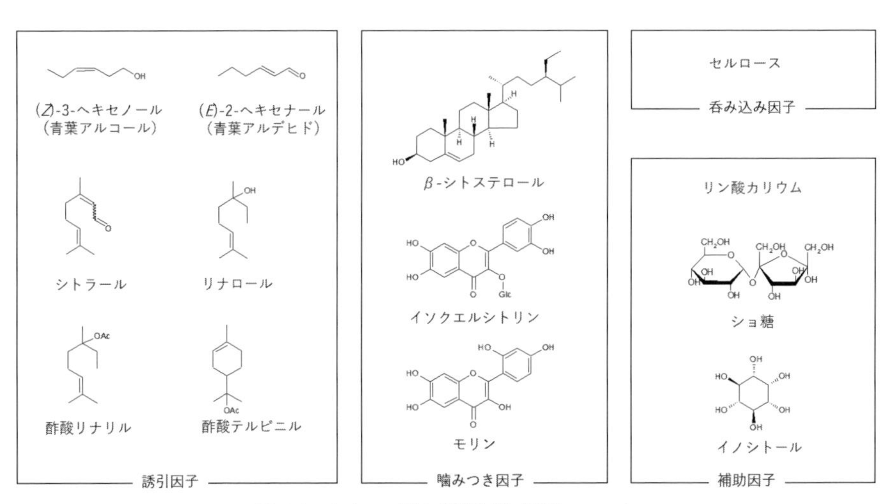

図 3.4 カイコの摂食刺激物質（浜村，1963）

えばカラタチやアズキなどの葉を孵化幼虫に与えるとよく集まる現象が確認されている．しかし集まった幼虫がそれらの植物葉を摂食することはない．摂食のためには噛みつくための刺激，噛みつき因子が必要となる．

噛みつき因子（図 3.4）としては，ステロイドであるβ-シトステロール（β-sitosterol）と 2 種のフラボノイド（イソクエルシトリン：isoquercitrin，モリン：morin）が報告されている．特にβ-シトステロールは葉の表面組織に多く分布することが知られ，カイコはこれを感知して噛みつき行動を起こしていることになる．しかし噛みつき因子だけでは摂食行動が続かず，摂食行動の継続には呑み込むための因子が必要であった．

呑み込み因子（図 3.4）としてはセルロースが必要であった．特にシリカが吸着したセルロースが良好な呑み込み因子であったため，シリカは摂食行動の補助因子と位置づけられた．同様にリン酸カリウムも補助因子として機能する．一方で，カイコの連続摂食を維持するためにはイノシトール（inositol）とショ糖（sucrose）が必要であり，これらも補助因子とされている．

このように，カイコの摂食行動は葉の香気成分によりクワの葉に誘引されることに始まり，葉の表層に存在する噛みつき因子を確認して噛みつき，呑み込み因子の存在で嚥下する．さらに，この行動は補助因子によって促進・継続する．このようにカイコがクワを摂食するメカニズムはきわめて明確に解明された．しかしこれはカイコがクワを食べる理由であって，カイコがクワしか摂食しない理由にはならない．何故ならば，見出された誘引因子・噛みつき因子・呑み込み因子のすべては植物に普遍的に分布し，すべての因子が揃っている植物も多く存在するためである．そのようなことから現在でも「カイコがクワしか食べない理由」に対する直接的な答えは見出されておらず，現時点では「クワのみが摂食刺激因子のすべてを有し，摂食行動を阻害する物質を含まない植物である」と考えられている（平野，1971）．

3.3　寄主選択を阻害する物質

植物の生産する二次代謝産物は進化の過程で防御物質として発展したといってもいい過ぎではなく，その作用には忌避や摂食阻害，産卵阻害など植食者の行動を規制する様々な様式（表 3.3）が存在する．植物毒は植食者を直接的に致死させ，成長阻害物質や産卵抑制物質は植食者個体群の次世代を減少させる．両者の

表 3.3　植物の抵抗性物質による昆虫への寄主選択行動の阻害様式

昆虫の行動			植物の抵抗性		
			抵抗性物質	昆虫への影響	植物の影響
産卵選択（成虫）	発見	誘引	忌避物質	他へ移動	摂食されない
	受容	産卵	産卵阻害物質	他へ移動	摂食されない
摂食選択（幼虫・成虫）	発見	誘引	忌避物質	他へ移動	摂食されない
	受容	摂食	摂食阻害物質	他へ移動	摂食されない
		成長	植物毒	致死	摂食される
			成長阻害物質	次世代減少	摂食される
			産卵抑制物質	次世代減少	摂食される

物質はともに最終的には植食者の個体数を減少させることができるが，効果の発現には植物自身も一定量を摂食される必要がある．一方で，忌避物質や摂食阻害物質などによる防御では植物自身はほぼ無被害であるが，植食者も他の食草に移動できれば個体群は維持される．このように植物の防御戦略は植食者への影響と植物自身の被害のバランスの上に成り立つ面もある．どのような戦略が最適であるのかは興味深い事象であるが，存在する植物の生存戦略は進化の過程で成立しているのであるからすべてが最適であるといえる．そのような植物の防御戦略を以下に紹介する．

□ 3.3.1　忌 避 物 質

植物は植食者を殺してしまう必要はなく自身に到達さえされなければいいため，自身に近づかせないような忌避物質を生産する．事実，精油（植物から抽出される揮発性成分の混合液）には昆虫に対する忌避活性を示すものが多く，α-ピネン（α-pinene）やカンファー（camphor），L-メントール（L-menthol）などは代表的な忌避物質である（図 3.5）．しかしながら精油を生産する植物が野外において実際に植食者を忌避していることを示した例はほとんどない．これは，精油成分が高濃度では忌避活性を示すものの低濃度では誘引作用を示すこともあることや，植物が恒常的に多量の化学物質を放出することは生存戦略上困難であることが理由である．そのような中，ジャガイモの野生種の一種である *Solanum berthaultii* のトライコームからアブラムシの警報フェロモンである (E)-β-ファルネセン（(E)-β-farnesene）が分泌されアブラムシを忌避するこ

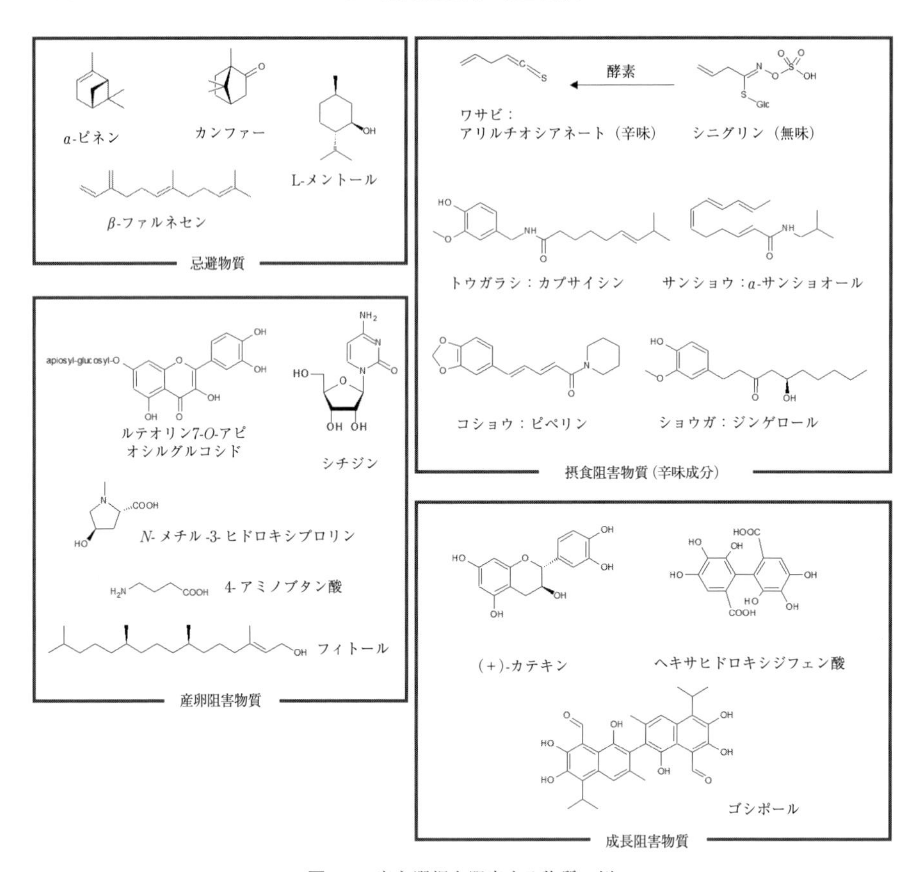

図 3.5　寄主選択を阻害する物質の例

とが確認されている（Gibson and Pickett, 1983, 15 ページ参照）.

□ 3.3.2　産卵阻害物質

植物にとって来訪者は直接的な摂食者である場合と産卵者である場合がある．植物がこれら摂食や産卵を阻止できれば植物は植食者に対して抵抗性を発現することができる．その際には阻害物質を植物体内に蓄積すればよく，忌避作用にて懸念された多量の化学物質を恒常的に放出する必要はなくなる．そのため，植物の抵抗性にはこれらの阻害作用が発現していることが多い．

トウガラシは辛味成分であるカプサイシンを蓄積することで防御を行っており（3.3.3 項参照），実際に害虫に加害されることは少ない．一方でピーマンはトウガラシと同種であるものの，カプサイシンを生産しないため辛くないが（ピーマンはトウガラシの品種改良により作出された甘味品種），トウガラシと同様に比較的害虫からの加害が少ない．この興味深い事象はルテオリン 7-*O*- アピオシルグルコシド（luteolin 7-*O*-apiosylglucoside: LuGA）を含む 5 種類の産卵阻害物質（図 3.5）の存在により説明された（Kashiwagi et al., 2005）．特に LuGA はピーマンの葉中に最大 12,000 ppm も含まれ，トウガラシに含まれる LuGA 量に比べてはるかに多かった．すなわちトウガラシの辛味をなくす品種改良の過程で，カプサイシンによる辛味とともに抵抗性も消失するはずであったが，ピーマンは LuGA 量を増加させることで抵抗性を維持したことになる．

□ 3.3.3　摂食阻害物質

子どもをすし屋につれていくと「ワサビ抜」を頼むことが多い．これは「辛いもの」を子ども（＝動物）が嫌うことを示す証拠であり，辛味成分が動物の摂食行動を阻害することで植物が防御を獲得していることが伺える．実際にワサビの辛味成分であるアリルイソチオシアネート（allyl isothiocyanate；図 3.5）は様々な昆虫に対して摂食阻害活性を示す．同様な辛み成分にはトウガラシに含まれるカプサイシン（capsaicin）やコショウに含まれるピペリン（piperine），ショウガに含まれるジンゲロール（gingerol），サンショウに含まれるサンショオール（sanshool）などがある．いずれもスパイスや薬味として用いられている植物であり，各成分は動物に対する摂食阻害活性を示す．このような辛味成分は一般的な植物毒に比べて少量で効果を発現することから，植物側の生産コストを低く抑えられるのが長所である．一方で，辛味成分はすべての種に対して同様に効果を示すわけではなく，例えばカプサイシンは鳥類には全く効果を示さない．このように効果にばらつきが出やすい点は短所ともいえる．

前述のような香辛料に利用される植物は特殊な存在であるともいえる．次により身近な植物，トマトのミナミキイロアザミウマに対する摂食阻害物質について紹介する．ミナミキイロアザミウマは広食性の農業害虫であり，ナスやピーマンを加害するものの同じナス科のトマトを加害することはない．この抵抗性に関しては八隅ら（1991）によって詳細に研究されている．図 3.6 における生存曲線①に示すようにミナミキイロアザミウマはショ糖溶液のみで一時的に飼育できる．一方でショ糖溶液にトマト葉抽出物を加えて飼育すると 5 日後には生存率がゼロとなり（生存曲線④），トマトに抵抗性物質が存在することが明らかに

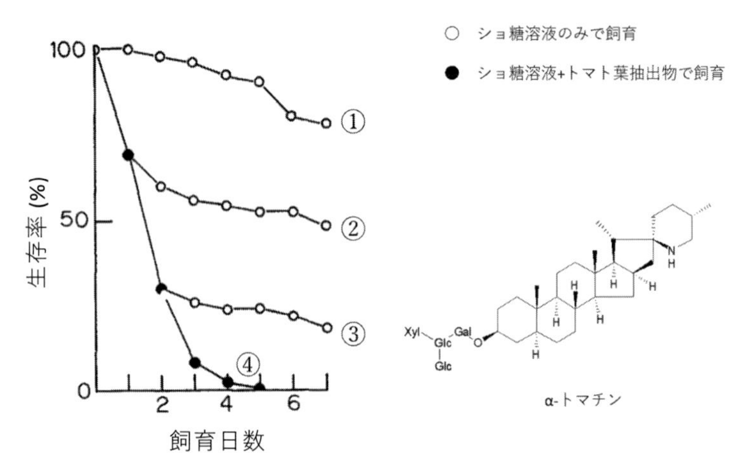

図 3.6　トマト抽出物のミナミキイロアザミウマに対する生存抑制活性と摂食阻害物質（八隅ら，1991 を改変）

なった．興味深いのは生存曲線②および③であり，それぞれ 1 日間あるいは 2 日間トマト抽出物で飼育した後にショ糖溶液で飼育した際に，生存曲線①と②および③の傾きがほぼ一致したことである．仮にトマトの抵抗性が毒成分によるものであれば，1 日間あるいは 2 日間トマト葉で毒を摂取した試験群の生存曲線は，毒にさらされていない試験群①の傾きよりも大きくなるはずである．しかし生存曲線①と②，③の傾きがほぼ同一であることは，ミナミキイロアザミウマの死亡が毒によるものでなく餓死によるものであることを示した．その後，摂食阻害物質として α-トマチン（α-tomatin）が報告された．このように摂食阻害物質の活性は，我々人間のもつ食べ物への好き嫌いの感覚をはるかに超え，時として「死んでも食べない」という苛烈な生理現象を引き起こすのである．

□ 3.3.4　成長阻害物質

昆虫に成長阻害を引き起こす物質は数多く存在し，フラボノイドやリグニンを含むフェノール化合物（図 3.5）は植物界に一般的に存在する成長阻害物質として知られている．フェノール化合物は太古の昔に植物が陸生化する際に太陽の紫外線から身を守るため，あるいは多層化し大型化するためのリグニンを構成するために発達したともいわれ，すべての植物の生体成分となっている．このようなフェノール化合物は程度の差はあれ，その構造特性からタンパク質などと反応し変性あるいは不溶化させる作用をもつ．そのため，植食者の消化液を不活性化させ消化能力を低下させたり，栄養源となるタンパク質を不溶化させ栄養価を低下させることで，結果として植食者に成長阻害を引き起こす．このように虫体内へ吸収される前の化学反応に基づく作用であるため，昆虫側の抵抗性が生じにくい点が特色である．一方で，効果の発現には多量のフェノール物質が必要であり，植物に生産コストが負担となるのは短所ともいえる．しかし中には，ワタ属植物に含まれるゴシポール（gossypol）のように高濃度（野生型ワタにおける含有量相当）では殺虫活性を示し，低濃度（栽培型ワタにおける含有量相当）では成長阻害活性を示すものもある（Kay et al., 1980）.

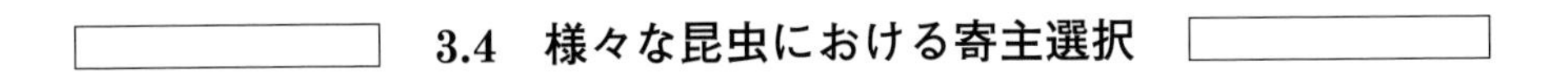

3.4　様々な昆虫における寄主選択

□ 3.4.1　モンシロチョウの産卵：正と負の刺激のはざまで

モンシロチョウは先に述べたコナガ（3.2.2 項参照）と同様にアブラナ科植物全般を寄主とする農業害虫で，古くからシニグリン（sinigrin）が産卵刺激物質として知られていた．しかし，モンシロチョウは，近縁種で同じくアブラナ科植物を寄主とするエゾスジグロシロチョウとの間では食草の選好性に違いがある

表 3.4　モンシロチョウ 2 種の寄主選好性

植物	食草への選好性（キャベツとの比較）	
	モンシロチョウ	エゾスジグロシロチョウ
アリッサム *Aurinia saxatilis*	弱い	強い
セイヨウガラシ *Brassica juncea*	強い	強い
エゾスズシロ *Erysimum cheiranthoides*	寄主とならない	強い
wild candytuft *Iberis amara*	極めて弱い	強い
ゴウダソウ *Lunaria annua*	弱い	弱い
キンレンカ *Tropaeolum majus*	同等	同等

（Huang and Renwick, 1993）

表 3.5　エゾスズシロに含まれる産卵刺激物質と産卵阻害物質とモンシロチョウ２種への活性

エゾスズシロに含まれる物質	グルコチェイロリン glucocheirolin 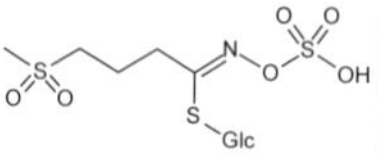	グルコイベリン glucoiberin 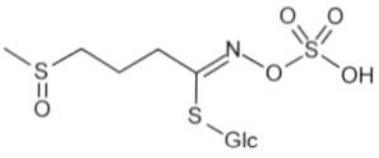	カルデノライド 1. エリシモサイド 2. エリクロサイド 3. エリコルジン 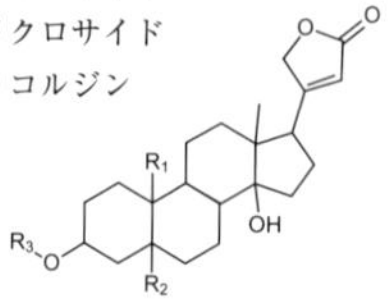 1. R_1=CHO, R_2=OH, R_3=glucosyl-(1→4)-digitoxosyl 2. R_1=CHO, R_2=OH, R_3=xylosyl-(1→4)-digitoxosyl 3. R_1=CH_2OH, R_2=H, R_3=glucosyl-(1→4)-rahmnosyl
モンシロチョウ	産卵刺激活性	活性なし	強い産卵阻害活性
エゾスジグロシロチョウ	産卵刺激活性	産卵刺激活性	弱い産卵阻害活性

（Huang et al., 1993）

（Huang and Renwick, 1993, 表 3.4）．このようなニッチの違いを生じさせたのは産卵刺激物質の多様性と産卵阻害物質の存在であった．例えば古くから産卵刺激物質として知られていたシニグリンは実はモンシロチョウに対しては弱い産卵刺激活性しか示さないものの，エゾスジグロシロチョウに対しては強い産卵刺激活性を示す（Huang and Renwick, 1994）．一方でグルコナスツリチイン（gluconasturitiin）は両種への反応性が逆であり，グルコブラシン（glucobrassicin）は両種に同程度の強い産卵刺激活性を示す．これら産卵刺激活性を示すカラシ油配糖体は各アブラナ科植物に任意の種類が様々な比率で含まれているため，各アブラナ科植物の産卵刺激活性の程度は多様となるうえ，両種に対する産卵刺激活性にも違いが生じる．これが両種の寄主への選好性の違いをかたちづくっている．

さらに一部のアブラナ科植物には産卵阻害物質が含まれることも報告されている（Huang et al., 1993）．例えばエゾスズシロに含まれるカルデノライドはモンシロチョウに強い産卵阻害活性を示し，エゾスジグロシロチョウには弱い産卵阻害活性を示す．しかしエゾスズシロには産卵刺激物質としてグルコチェイロリンとグルコイベリンが含まれ，前者は両種に産卵刺激活性を示すのに対して，後者はエゾスジグロシロチョウに対してのみ産卵刺激活性を示す．すなわち，モンシロチョウに対しては１化合物による産卵刺激活性がカルデノライドによる産卵阻害活性により打ち消され寄主とならない．一方で，エゾスジグロシロチョウに対しては2化合物による強い産卵刺激活性がカルデノライドによる弱い産卵阻害活性によって低下するものの産卵刺激活性が上回り，寄主植物として利用されている．このように，昆虫の寄主選択における選好性は産卵刺激活性と産卵阻害活性の足し引きにより決まることがある．

□ 3.4.2　イボタガのイボタへの適応：量的防御の量的克服

イボタガは大型のガで，英名を Japanese owl moth といいフクロウに擬態している．本種は和名のとおりイボタノキを寄主とするがイボタノキにはオレウロピン（oleuropein）というイリドイド配糖体が含まれ，成長阻害物質として知ら

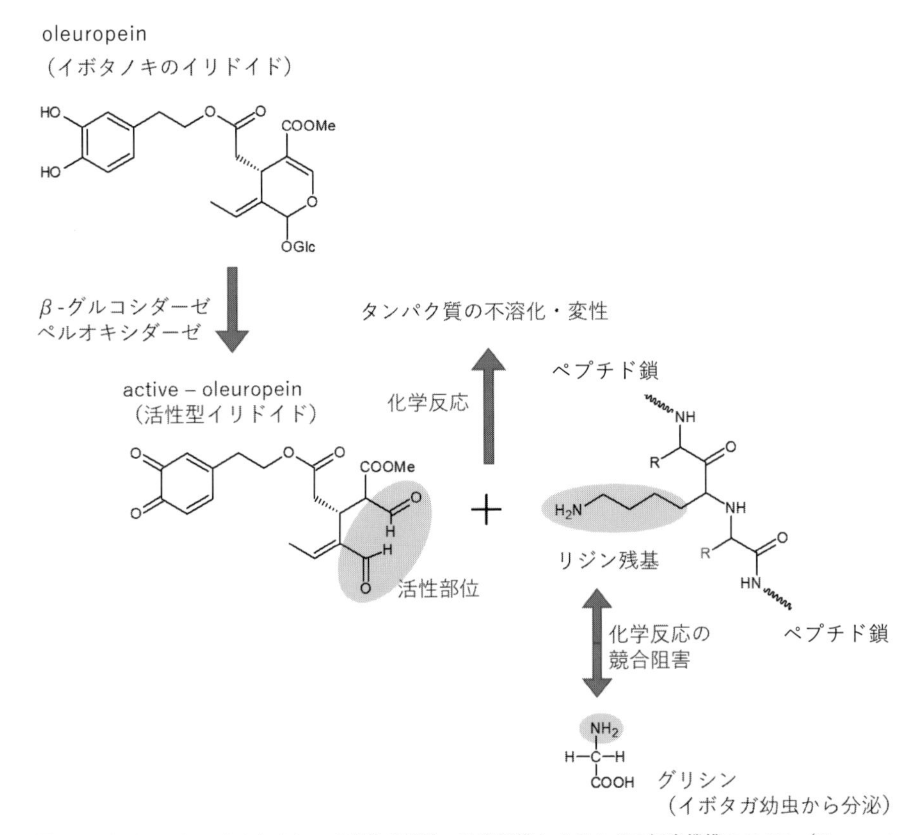

図 3.7　イボタノキのイリドイドの成長阻害活性の発現機構とイボタガの解毒機構のモデル（Konno et al., 2009 を改変）

れている．図 3.7 に示すように，このイリドイド配糖体は食害などを受け細胞が破壊されると，β-グルコシダーゼとペルオキシダーゼによって活性型イリドイドに変換される（Konno et al., 2009）．活性型イリドイドはアミノ基，特にリジン残基と容易に結合する性質をもち，結合したタンパク質が酵素であれば失活し，栄養タンパク質であれば不溶化し分解困難となり栄養性を失う．さらに遊離アミノ酸と結合すればやはり栄養性を失う．結果として，一般の昆虫がイボタノキを食害してもイボタノキの葉はタンパク質源としての栄養価をもたない食餌源となっている．すなわち，多くの昆虫に対してオレウロピンはフェノールと同様に量依存的に食事の栄養価を低下させる成長阻害物質として機能している．

ところがイボタガはこのイボタノキを何事もなく摂食し続け大きく成長できる．これには次のような仕組みがあった．すなわち，イボタガは消化液中に多量のグリシンを放出し，このグリシンがリジン（およびリジン残基をもつタンパク質）と前述の活性型イリドイドとの反応を競争的に阻害する．その結果，タンパク質やリジンはイリドイドとの反応をのがれ，イボタガはイボタノキの葉を栄養として摂取することができる．多量のアミノ酸を分泌・消費してアミノ酸を獲得することになり，一見非効率にも思えるが，分泌されるグリシンは最も小さなエネルギーコストの小さなアミノ酸であり，最小エネルギーコストで適応している．さらに単にアミノ酸を獲得するだけでなく，他の昆虫が利用できないイボタノキを独占的に食草とすることができる状況は生存戦略上の大きな利点といえる．

□ 3.4.3　アズキゾウムシの産卵戦略と天敵

アズキゾウムシは，アズキをはじめとしたマメ類を加害する害虫で貯蔵穀物害虫（貯穀害虫）として知られている．アズキゾウムシが産卵を行う際には豆（産卵基質）上を歩き回り物理因子と化学因子を確認することで産卵場所としての適性を判断している．物理因子として平滑さと曲率に強く影響され（石井, 1952），化学因子として 3 種類のフラボノイド（D-catechin（Ueno et al., 1990），taxifolin（Matsumoto et al., 1994），quercetin-3-*O*-glucoside（Tebayashi et al., 1995）：図 3.8）が産卵刺激物質として働き，産卵行動が強く誘導される．ところで，興味深いことにアズキゾウムシは自他により一度産卵された場所にはあまり産卵しない．この原因はアズキゾウムシが歩き廻るときに足の裏から分泌する粘着物質（足跡物質：飽和炭化水素および脂肪酸，脂肪酸グリ

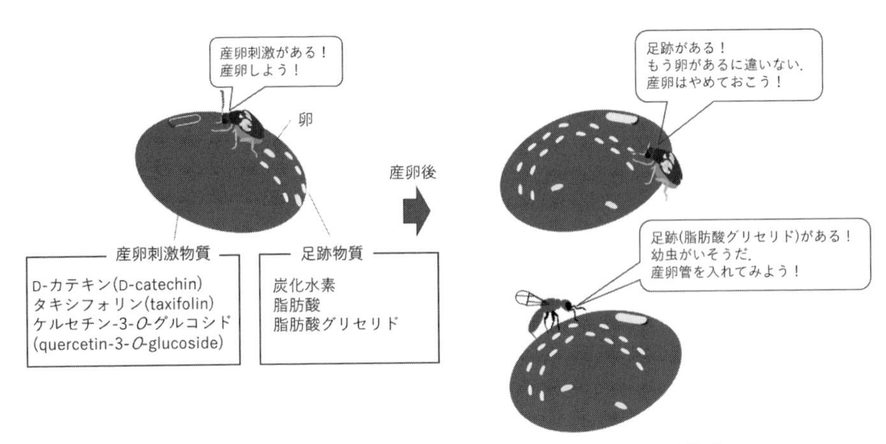

図 3.8　アズキとアズキゾウムシ，寄生バチの寄主選択と化学物質

セリドの混合物）にあった（大島，1975）．アズキゾウムシはアズキに残された足跡物質を感知することで豆への産卵状態を把握し，一つの豆に過剰に産卵されることがないように調節していたのである．この産卵抑制物質はアズキゾウムシが分泌しアズキゾウムシに情報を伝えることから産卵抑制フェロモンの一種といえる（16 ページ参照）．このような産卵数の調整は種内競争を避けることでアズキゾウムシの効率的な増殖につながる．ところがこの産卵抑制物質を逆手にとる寄生バチが存在する．コガネコバチ科の寄生バチ，ゾウムシコガネコバチは豆の中のマメゾウムシ幼虫に寄生する寄生バチであり，豆の外から産卵管を突き刺して産卵する．マメゾウムシの幼虫がいるかどうか不明にも関わらず片っ端から産卵管を挿入することは非効率的である．そこでこの寄生バチは豆の上に残された足跡物質中の脂肪酸グリセリドを感知することで幼虫の存在を予測し，効率的に産卵を行っているのである（Kumazaki et al., 2000）．昆虫の寄主選択は生存戦略に直結することから単に植物の二次代謝産物をカイロモンとして利用するにとどまらず，フェロモンを利用して密度調節を図ることもある．さらには寄生者がその仕組みを別の角度から利用することで生存競争に参画している．

3.5　植食性昆虫と植物の共進化

共進化とは 2 種の生物が互いに密接に影響を与えながら相互に進化することであり，相利的な関係をもとに進化する場合もあれば，片利的な関係から共進化が起こる場合もある．ここでは生物相互作用に化学物質が深く関与して生じる共進化について説明する．

□ 3.5.1　ランの香りとシタバチ：誘引因子による共進化

養蜂に使われるミツバチは送粉者として知られるが，ミツバチ科シタバチ族のシタバチは花の上空でホバリングし長い口吻を花に差し込み吸蜜するため，良好な送粉者とはならない．このようなシタバチを強引に呼び寄せて送粉者として利用しているのがラン科 *Ophyrs* 属を中心とした植物群である．このランはシタバチの雌のにおいを発し，雄バチに雌バチの存在を誤認させる化学擬態を行う．雄バチをだまして訪花させた後に花粉（あるいは花粉嚢）をまとわせ蜜は与えずに送りだす．一見，雄バチは蜜も得られずただ働きさせられているようにみえるが，花の香気成分を集めて配偶行動に利用するシタバチも存在することから相利共生の関係にあるといわれている．すなわち *Ophyrs* 属ランの香気成分はシタバチとの間でシノモンとして機能している．この芳香はテルペンや芳香族化合物などからなり，各ランの香気成分に共通性はあるものの組成比には違いがあり，種特異性が確認される．そしてラン一種に対して訪花するシタバチは一種または数種に限られる．例えば，*Ophyrs insectifera* には *Argogorytes* 属シタバチの雄バチのみが訪花し，このシタバチの雄バチは雌バチのにおいや *O. insectifera* の花の芳香に強く誘引される．実際に野外試験においても *Argogorytes* 属シタバチの雄バチは *O. insectifera* の花の特徴的香気成分であるファルネソール（farnesol）に誘引される（Borg-Karlson, 1990）．このような一対一の関係はどのように生じたのであろうか？　例えば，ランの個体群の香気成分が変化したとき，これに適応できるシタバチが不在であればその個体群は子孫を残せず消失する．一方で，その変化に適応し選好性を示すシタバチ系統が存在すると，ランの変異個体群から集めた変化した香気成分を配偶行動に用いるたため，変化した芳香成分を好むシタバチ個体群が生じ，これが種分化に繋がる．また逆にシタバチの選好性が先に変異しても同様に種分化に繋がる．このように相利共生の関係にある 2 種間では互いに依存する関係にあるので進化における淘汰が働きやすく，共進化が生じたものと思われる．

□ 3.5.2　マダラチョウとキョウチクトウ科：進化的軍拡競走

先に述べたランとシタバチの共進化の例では，両者は相利共生の関係にあるが，片利共生の関係，例えば昆虫と植物の食う–食われるの関係においても共進化が引き起こされうる．植食者である昆虫と被食者である植物は，図 3.9 に示すように植物は食われまいと防御を展開し続け，対して昆虫はそれを克服しようと変化し続ける動的平衡状態にある．この関係は気候や他の生物などの影響も受けつつ維持されるが，あるときに何らかの影響で平衡状態が崩れることがある．図 3.10 の（a）は植物 A の防御に対して昆虫 X が食害を試みるが果たせていない状態である．この時点では，植物 A は昆虫 X の寄主ではない．しかし次に，何

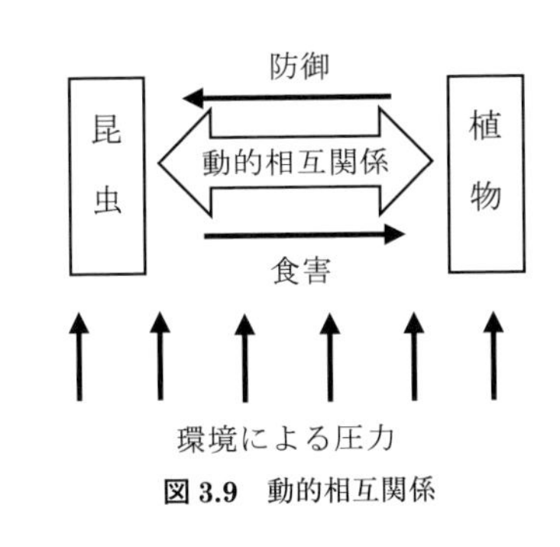

図 3.9　動的相互関係

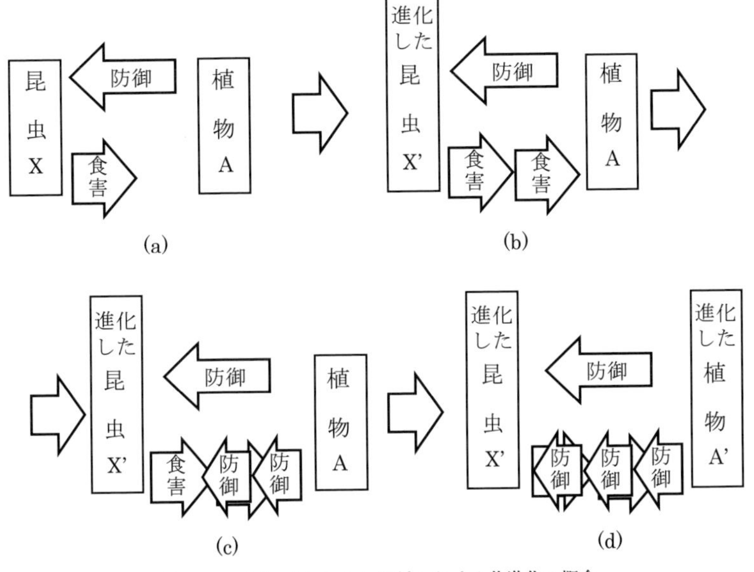

図 3.10　食う–食われるの関係における共進化の概念

らかの要因で昆虫Xの食害能力が植物Aの防御能力を超えると，昆虫Xは植物Aを加害可能となり植物Aは寄主植物となる．同時に昆虫Xは進化して昆虫X'となる（b）．次に植物Aは「進化した昆虫X'」に対しても防御を発展させ（(c)では防御を発達させているだけで防御に成功していない），いずれは（d）のように，植物Aの防御が「進化した昆虫X'」の食害を防ぐことに成功し「進化した植物A'」となる．このような片方の生物の適応と，もう片方のそれに対する対抗適応が繰り返される状態は進化的軍拡競争ともいわれ，片利共生における共進化の代表例である．この共進化においては，植物の防御機構の主役ともいえる化学物質が重要な役割を果たすことになる．

マダラチョウ類とその寄主植物とその防御物質の関係は共進化のモデルとされている．オオカバマダラは北米に生息する渡りを行う大型のチョウで，幼虫はキョウチクトウ科の植物を寄主とし，植物に含まれる植物毒カルデノライドに耐性をもつばかりか，これを体内に蓄積し幼虫自身の防御物質として利用している．さらにこのカルデノライドはそのまま成虫体内にも移行し，成虫にとっても防御物質として働く．また成虫の寿命は比較的長く長距離を移動するが，その間にキク科やムラサキ科の有毒植物で吸蜜することが多い．これらにはピロリジンアルカロイドが含まれ，雄成虫はこれを摂取し体内で性フェロモンに変換して利用する．日本に生息するアサギマダラでも同様の生態が確認されている．これら

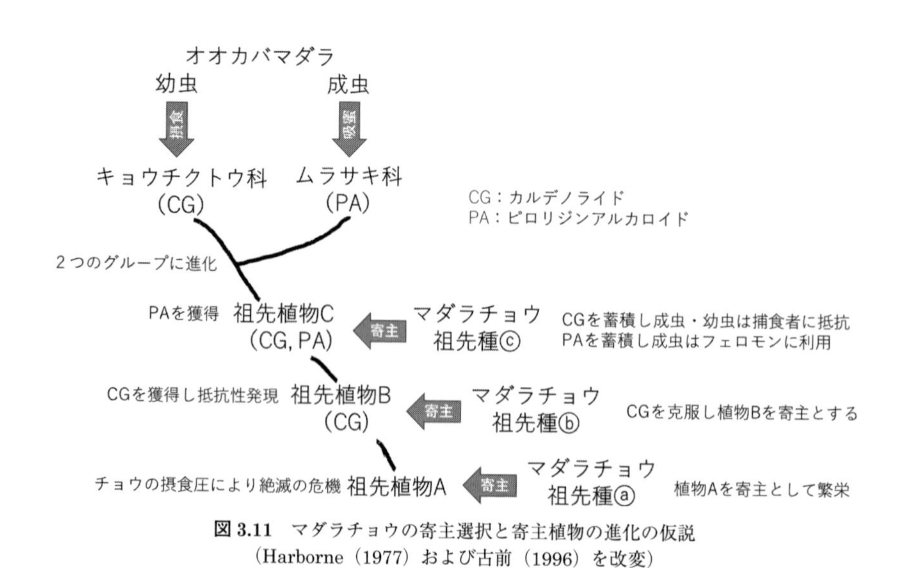

図 3.11　マダラチョウの寄主選択と寄主植物の進化の仮説
（Harborne（1977）および古前（1996）を改変）

のチョウがこのような特徴的な行動をとるようになった経緯をHarborne(1977)や古前（1996）はその著書の中で概ね次のように説明している（図3.11）.

> マダラチョウの祖先種ⓐはキョウチクトウ科植物およびムラサキ科植物の祖先種Aを寄主として繁栄していたが，祖先種Aは強い被食圧により絶滅の危機に直面しカルデノライド（GC）をもつ祖先種BやGCとピロリジンアルカロイド（PA）をもつ祖先種Cが出現するに至った.祖先種Aはいずれ絶滅するが，祖先種BやCはマダラチョウに抵抗性を示した．しかしやがてはGCに耐性をもち，さらにGCを蓄えることで捕食への防御に利用するマダラチョウの祖先種ⓑが出現した．さらにはPAをも蓄えこれをフェロモンに利用する祖先種ⓒが出現すると，配偶行動にかかわる点で他者に対して有利になったため大いに繁栄した.植物の祖先種Cは強くなりすぎたマダラチョウの祖先種ⓒの摂食圧あるいは何等かの理由で絶滅に至る事態が生じ，その際にチョウの祖先種ⓒはPAはもたないもののCGをもつ祖先植物Bおよびその仲間を幼虫の食草とするように寄主を変化させ，同時に成虫になってからムラサキ科植物あるいはキク科植物を訪花しPAを摂取することでフェロモンを生合成するように進化したものと考えられている.

昆虫の摂食圧は我々が想像する以上に強く，抵抗性物質を介在した敵対的な共進化はおそらく生じたものと考えられる．しかし，具体的な証拠がなかなか見当たらないのも事実である．そのような中，植食性昆虫の食草進化を考える上で共進化とともに重要であるのが，化学成分を手掛かりにして植食者が自身の寄主を変える「ホストシフト」である.

□ 3.5.3 ホストシフトと化学物質：アゲハの食草進化

アゲハチョウは典型的な狭食性の昆虫でその寄主範囲は限られている．アゲハチョウ亜科に属するアゲハチョウは3族に分けられ（図3.12），ジャコウアゲハ族ではジャコウアゲハがウマノスズクサ科植物を寄主とし，アオスジアゲハ族ではアオスジアゲハがクスノキ科植物を，ミカドアゲハがモクレン科のオガタマノキを寄主としている．一方，真正アゲハ族のアゲハチョウはナミアゲハやキアゲハなど8種が知られており，セリ科を寄主とするキアゲハを除くとすべてミカン科植物を寄主としている．日本産アゲハチョウ類の産卵刺激物質はほぼ解明されており，各族の間で共通性があることがわかる（西田，1995；本田，村上，

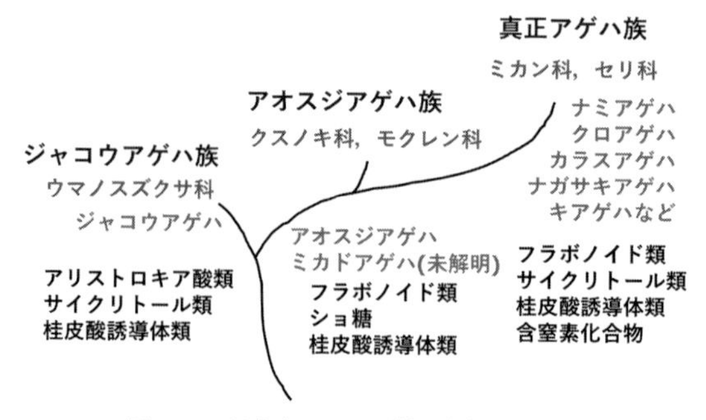

図 3.12　日本産アゲハ亜科の産卵刺激物質

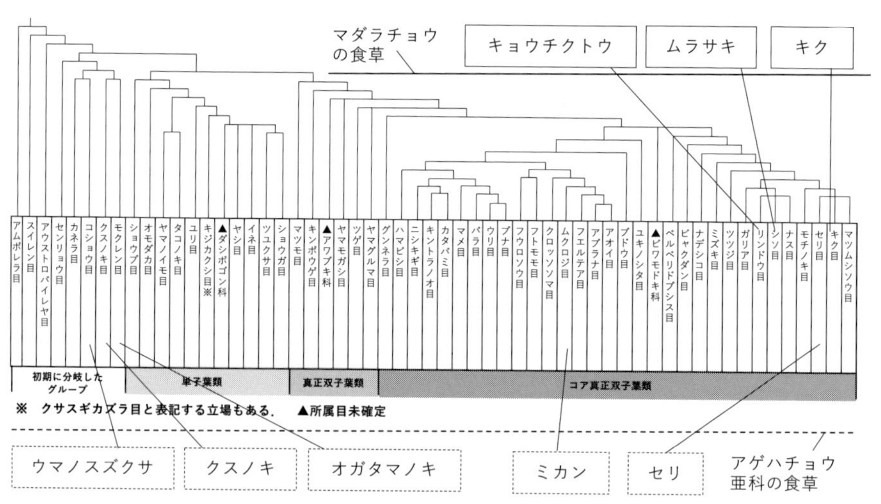

図 3.13　植物の進化系統図とチョウの寄主植物
破線の範囲がアゲハチョウ亜科の食草を，実線の範囲がマダラチョウの食草を示す．

2005)．このとき，ウマノスズクサとクスノキあるいはオガタマノキは進化上近い位置にあることから，敵対的な共進化が生じた可能性はある．しかし，アオスジアゲハ族が利用するクスノキ科と真正アゲハ族が利用するミカン科は進化上遠く離れていて，共進化の結果とは考えにくい（図 3.13）．そこで考えられるのが化学成分を利用したホストシフトである．すなわち，例えばアオスジアゲハの先祖が寄主範囲を広げる際に分類学的に近い植物を選ぶ必要はなく，産卵などに必要な刺激がある植物，すなわち植物側の産卵刺激物質が類似していれば，チョウ側の感受性に少しの変化が生じることで，産卵対象植物が変化する可能性がある．もちろん，その後その幼虫が正常に成虫まで生育し子孫を残す必要がある．このようなことは簡単には生じないが，長い進化の過程で生じればよく，それが起こったために現在のアゲハチョウの繁栄につながったと考えられる．実際に，アオスジアゲハ族の産卵刺激物質と真正アゲハ族の産卵刺激物質の共通性は高い．また真正アゲハチョウ族においてはキアゲハのみがセリ科を食草とする．これも植物の進化から俯瞰すると大きく離れた寄主選択であり，化学物質を介在したホストシフトが生じたのであろう．実際に産卵刺激物質は共通性が高い．今後キアゲハの仲間が進化・繁栄すれば未来においては新たなグループの形成につながる．現在はその長い道のりを歩み始めたばかりなのかもしれない．

〔**手林慎一**〕

4. ケミカルシグナルを介した植物–植食者–天敵の相互作用

植物は，哺乳類や鳥類，昆虫，ハダニ，線虫といった植食者（herbivores）の餌資源として利用される．中でも昆虫の多くは植物を餌資源や産卵場所として利用し生活している．植物と植物を利用する昆虫の間には，昆虫による受粉の媒介と植物から昆虫への花蜜の提供のように双方にメリットのある共生関係もみられるが，食う–食われるの関係といわれるように植物側にデメリットの大きい関係もある．前章では昆虫がどのように植物を認識し利用しているか昆虫側の視点が中心であった．本章では植物を食べる昆虫やハダニの食害に対して，植物がいかにして身を守るか植物側の視点からその関係を紹介する．そこには植食者に対する直接的な対抗だけではなく，植食者の天敵を含む三者による面白い関係も存在する．植物–植食者–天敵の相互作用に関わるケミカルを中心に魅惑の世界を覗いてみたい．

4.1 植物の防御戦略：恒常的防御と誘導的防御

植物は種子を飛ばすなど分散手段をもつものの，いったん発芽し根を下ろすとその場から動くことができない．そのため，植物は乾燥や塩害など外環境の変化に伴う様々なストレスや，昆虫やハダニ，病原菌からの攻撃に対して様々な適応能力を発達させてきた．例えば，植物は病原菌に感染するとファイトアレキシンと呼ばれる抗菌物質を生産する（Kuć, 1995）．病原菌に対する植物の防御は，化学生態学というより植物病理学や植物生理学の一分野として目覚ましい進展を遂げている．病原菌に対する植物の防御については成書を参考にしていただくとして，ここでは，昆虫やハダニといった植食者に対する植物の防御に話題を絞りたい．

昆虫やハダニの食害に対して，植物は葉の表層のクチクラを発達させたり，トゲやトライコームと呼ばれる毛状の突起を作ることで物理的な障壁を作って身を守ったりする．イネが非結晶シリカを利用して細胞壁を強固にすることも物理的防御の一つである．それに加え，あらかじめ有毒物質をはじめ様々な防御物質を生産・蓄積するという化学的な防御システムも備えている（図 4.1）．植物が作

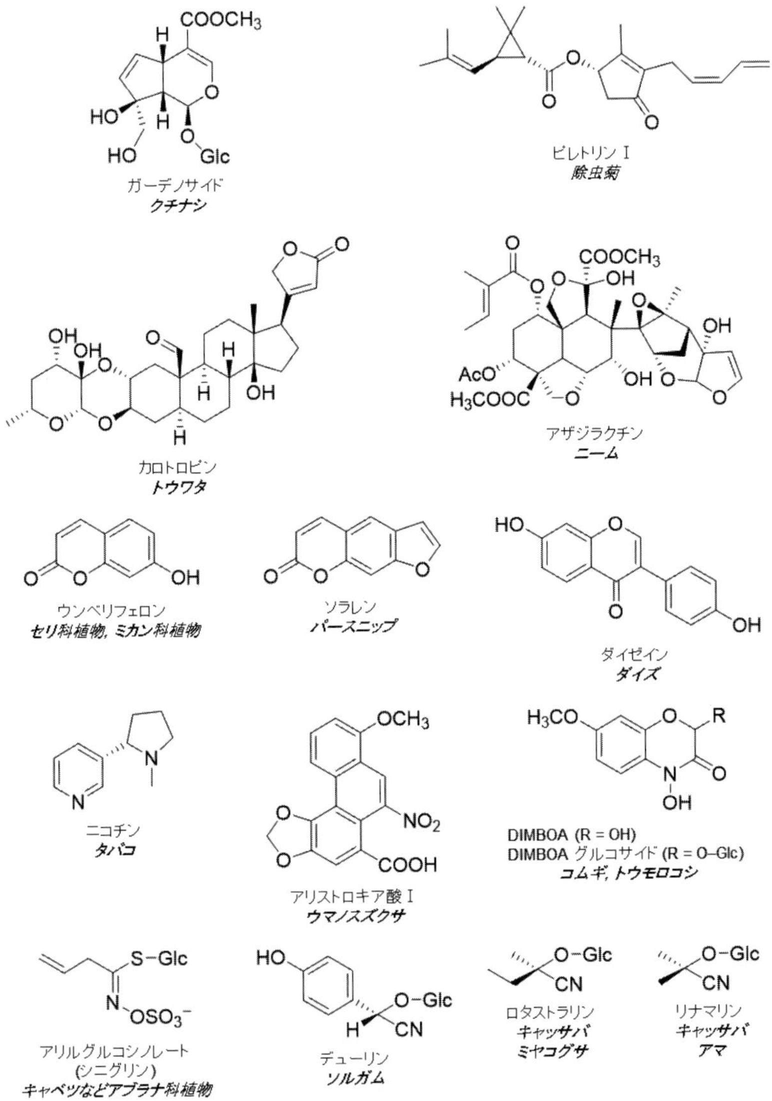

ガーデノサイド
クチナシ

ピレトリンⅠ
除虫菊

カロトロピン
トウワタ

アザジラクチン
ニーム

ウンベリフェロン
セリ科植物, ミカン科植物

ソラレン
パースニップ

ダイゼイン
ダイズ

ニコチン
タバコ

アリストロキア酸Ⅰ
ウマノスズクサ

DIMBOA (R = OH)
DIMBOA グルコサイド (R = O–Glc)
コムギ, トウモロコシ

アリルグルコシノレート
(シニグリン)
キャベツなどアブラナ科植物

デューリン
ソルガム

ロタストラリン
キャッサバ
ミヤコグサ

リナマリン
キャッサバ
アマ

図 4.1　主な植物の防御物質

り出す防御物質はアルカロイドやテルペノイド，カルデノライド，フラノクマリン，タンニン，グルコシノレート（カラシ油配糖体），青酸配糖体など低分子有機化合物だけでも多種多様であるが，パパイアやイチジクの乳液に含まれるシステインプロテアーゼのように高分子化合物も植物の防御物質として働き，その化学種はきわめて多岐にわたる（Wittstock and Gershenzon, 2002; Konno et al., 2004; Mithöfer and Boland, 2012）．

システインプロテアーゼは比較的多くの植物種の組織に含まれるシュウ酸カルシウム針状結晶と共存し，相乗効果を示すことがわかっている．針状結晶が植食者の細胞や組織に穴をあけることで，システインプロテアーゼの効果が増すと考えられている（Konno et al., 2014）．じつに巧妙でしたたかな方法で植物はいずれ迫り来るであろう植食者の脅威に対し防御網を張る．このような防御戦略は恒常的防御と呼ばれる．巧妙にデザインされた恒常的防御の例をいくつか紹介する．例えば，アブラナ科植物は特有の二次代謝産物であるグルコシノレートを液胞中に蓄える．昆虫がアブラナ科植物をかじると，細胞が壊れ，細胞外の酵素（ミロシナーゼ）と混じりあい，植食者にとって有毒なイソチオシアネートを生成する．植物の有毒物質は植物自身にとっても有毒であることが多く，グルコシノレートのように不活性な状態で蓄えられ，食害時に活性をもつ物質へと変換される場合がある．コムギなどイネ科植物に含まれるDIMBOAをはじめとするベンゾキサジノン類も通常は無毒な配糖体で植物体内に蓄えられている．ベンゾキサジノン類の配糖体は発芽直後の幼苗には高濃度で存在するものの，成長とともにその量は減少する．一般に，防御物質の生産にはコストが掛かると考えられている．そのため，必要な部分にのみ防御物質を蓄えることはコストを小さくする戦略の一つであり，植食者の攻撃が致死的なダメージとなる幼苗にベンゾキサジノン類配糖体を蓄積することは理にかなっているといえるだろう．時空間的に防御物質を集中させることで適応度を上げる戦略を最適防御理論（optimal defense hypothesis）という．次に紹介する誘導的防御もまた防御へのコストを下げる戦略の一つと考えられている．

誘導的防御は恒常的防御と並ぶ植物の防御戦略である．誘導的防御とは昆虫やハダニの食害を受けて初めて引き起こされる防御反応のことである．例えば，タバコに含まれる有毒なニコチンは，根で生産され，葉の液胞に蓄えられる．蓄えられたニコチンはタバコの恒常的防御に利用されるが，昆虫食害を受けるとその生合成が活性化することが知られている．植食者の食害に備えあらかじめ防御物質を生合成するには相当量のエネルギーと炭素・窒素などの栄養素が必要で，その分，成長にかけるエネルギーや栄養素が削られる．このように限られたエネルギーと栄養素を成長か防御のいずれかに振り分けることになるため，両者の間にはトレードオフの関係が存在するといわれている（Karasov et al., 2017）．一方，食害を受けてから防御物質を生産する戦略は，必要なときに必要なだけのエネルギーと栄養素を防御に回すため，即座に食害に対応できないというデメリットはあるものの，あらかじめ防御物質を作り蓄え続けるよりも有利な防御戦略と考えられている．誘導的防御の研究は化学生態学のトピックとして盛んに研究されてきた．その一つが，食害によって誘導される揮発成分（herbivore-induced plant volatiles: HIPVs）の生産・放出である．食害を受けた植物はHIPVsを放出し，そのHIPVsに植食者の天敵が誘引される．天敵には捕食性カメムシのように植食者を捕食する昆虫もいれば，寄生バチや寄生バエのように植食者に寄生する昆虫もいる（Dicke et al., 1990; Turlings et al., 1990; Takabayashi and Dicke, 1996; Paré and Tumlinson, 1999; Kessler and Baldwin, 2001; Turlings and Erb, 2018; Takabayashi, 2022）．HIPVsは，植物が植食者の天敵，すなわちボディーガードを呼び寄せるSOS信号とも形容されることもあるが，天敵が植食者を探す手掛かりとしてHIPVsに適応し利用していると捉えるのが妥当かもしれない．

誘導防御の例として挙げたうち，ニコチンのように植食者に対して直接的に影響を及ぼすような場合は直接防御（direct defense），HIPVsのように間接的に植物の成長にメリットがあるような場合を間接防御（indirect defense）と呼ぶ．恒常的防御には有毒物質の蓄積のように直接防御に関わるものが多いが，誘導的防御の場合は直接防御と間接防御の二パターンいずれもが効果的に働いている．それでは次に，HIPVsの生産・放出を中心に，誘導的防御が引き起こされる分子機構に話を移したい．

4.2　植物における昆虫食害の認識とその伝達

昆虫など植食者による食害を植物はどのように感じるのだろうか？　植物を餌にする昆虫やダニ類は，イモムシのように葉や果実，花などをぼりぼりかじる咀嚼性と，アブラムシやカメムシ，ハダニのように植物の汁液を吸う吸汁性に分けることができる．咀嚼性，吸汁性のいずれの場合でも，植物は物理的に傷つけられるだけでなく，植食者のだ液や吐き戻し液に含まれる物質にさらされる．自身が傷つけられたことと植食者特有の成分の両方を感知することで，植物の防御応答が強く誘導されると考えられている．草刈りの後に青臭いにおいがすることを思い出すとわかりやすいが，植物は物理的に傷つけられると，いわゆる「みどりの香り」（61 ページ参照）と呼ばれるにおいを放出する．物理的な傷でも植物はにおいを放出するが，一般に，植物が植食者由来成分に触れると，それを感知し，物理的な傷で生じるにおいとは質的にも量的にも異なるにおいを放出することが知られている．その応答を引き起こす植食者由来成分を「エリシター」と呼ぶ．植食者のだ液や吐き戻し液に含まれるエリシターばかりでなく，産卵された卵に由来する成分にもエリシターが含まれることが知られ，前者は HAMPs（herbivore-associated molecular patterns），後者は EAMPs（egg-associated molecular patterns）と呼ばれている．こういったエリシターに加え，細胞壁の分解産物や，細胞が壊れたことにより細胞外に放出される ATP やグルタミン酸，内生ペプチドエリシターといった傷害シグナル DAMPs（damage-associated molecular patterns）が植物の防御応答を引き起こす（Arimura, 2021; Reymond, 2021）．

□ 4.2.1 エリシター：植物の防御応答を誘導する植食性昆虫由来成分

これまでに咀嚼性のチョウ目幼虫をはじめ，いくつかの昆虫種において，エリシターが明らかにされている．昆虫・ハダニ類に由来するエリシターはいくつか見出されているが，その数はまだ十分とはいえない．化学種で見ていくと，低分子化合物からペプチド，タンパク質までその構造は多岐にわたる（Howe and Jander, 2008; Mithöfer and Boland, 2008; Arimura, 2021）．植物の誘導的防御を引き起こすエリシターのうち，先駆的な研究例を 3 つ紹介する．

a. ボリシチン

ボリシチン［*N*-(17-hydroxylinolenoyl)-L-glutamine］は，1997 年にアメリカ農務省のタムリンソン博士らのグループによって発見された初めての昆虫由来エリシターである（Alborn et al., 1997）．ボリシチンはチョウ目ヤガ科のシロイチモジヨトウ *Spodoptera exigua* 幼虫のだ液（吐き戻し液）から見出され，17 位が水酸化されたリノレン酸とグルタミンの縮合物である（図 4.2）．ボリシチンは植物に由来する脂肪酸と昆虫由来のグルタミン酸が昆虫腸管内で縮合したものであることはわかっているが，その縮合反応を触媒する酵素は未だ明らかに

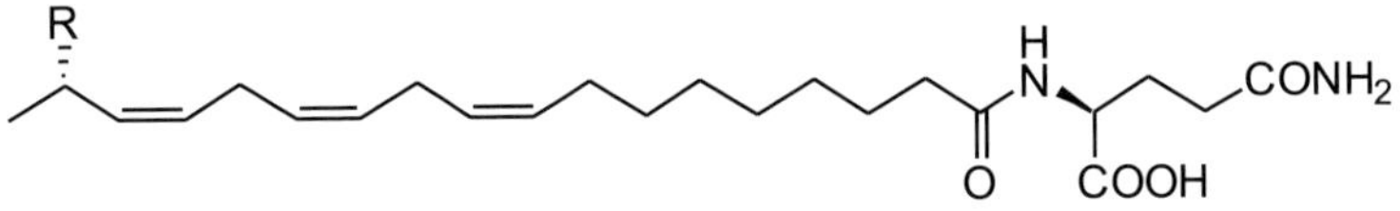

ボリシチン (R = OH)
N-リノレノイル-L-グルタミン (R = H)

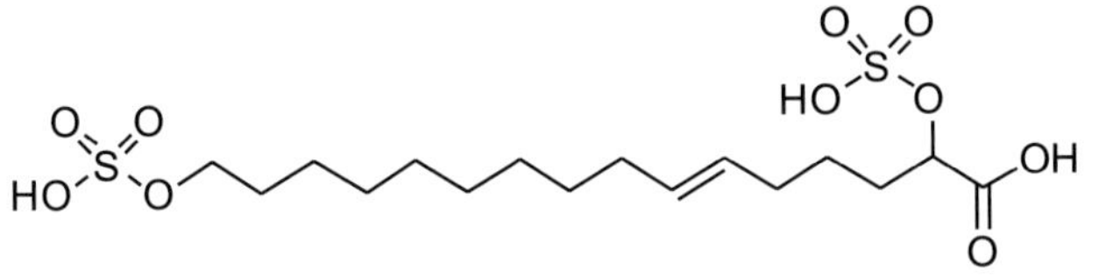

ケリフェリン A16:1

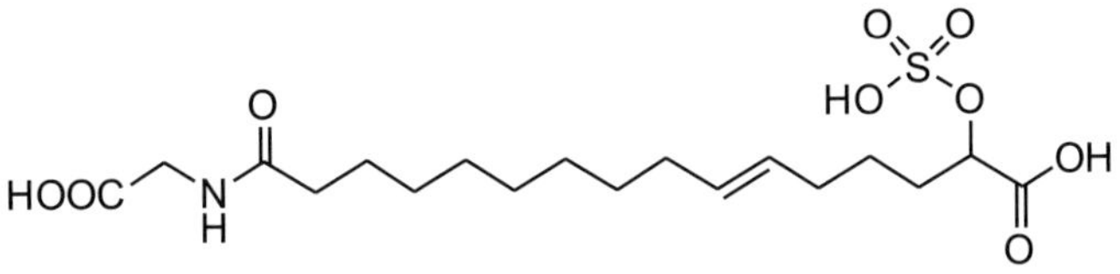

ケリフェリン B16:1

Ile – Cys – Asp – Ile – Asn – Gly – Val – Cys – Val – Asp – Ala

インセプチン (*Vu*-In)

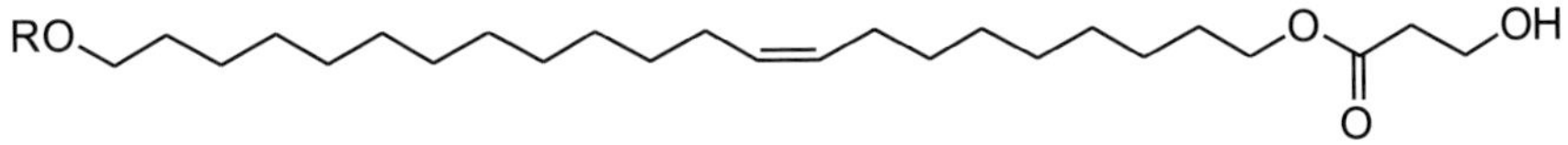

ブルキン A (R = H)
ブルキン B (R = $COCH_2CH_2OH$)

図 4.2　主な昆虫由来エリシター

なっていない．トウモロコシに人工的に傷をつけただけでは揮発成分の生成は誘導されないが，この傷にボリシチンを処理すると，昆虫食害を受けたときと同様に揮発性のテルペノイドやインドールの生成が誘導される．昆虫食害やボリシチンで誘導される揮発成分には，シロイチモジヨトウ幼虫に寄生する寄生バチ *Cotesia marginiventris* が誘引されるため，植物－植食者－天敵の三者の相互作用に関わる鍵物質としてボリシチンは大いに注目を集め，この分野の先駆的な研究の一つである．ボリシチンは植物体内で植物ホルモンであるジャスモン酸やエチレンの生成を活性化することにより揮発成分の生成を誘導することがわかっている（Schmelz et al., 2009）.

ボリシチンの化学構造とエリシター活性については研究が進んでいる．ボリシチンのアミノ酸部分は昆虫に由来するが，その立体をD-グルタミンに変えると，エリシター活性は失われる（Alborn et al., 1997）．これは植物が天然に存在するエリシターを精密に認識していることを意味し，確かに食害を受けていることを植物体内で正確に感知することに繋がっている．一方，脂肪酸部分の17位のヒドロキシ基は天然のボリシチンは*S*-体であるが，天然の*S*-体と非天然の*R*-体のいずれもトウモロコシに揮発成分の生成を誘導することが報告されている（Spiteller et al., 2001; Sawada et al., 2004）．また，17位の水酸基がないリノレノイルL-グルタミンのエリシター活性はボリシチンのおよそ30%であり，17位の立体はエリシター活性に大きな影響を与えないものの，ヒドロキシ基の存在はエリシター活性に大きく影響する（Sawada et al., 2004）．トウモロコシの細胞膜上にはボリシチンと結合するタンパク質の存在が知られ，その結合にはボリシチンのL-グルタミン部分と17位のヒドロキシ基が重要とされている（Truitt et al., 2004）．植物がボリシチンを感知する受容体の存在は示唆されているが，その正体は未だ明らかではない.

ボリシチンのように脂肪酸とアミノ酸の縮合物はFACs（fatty acid-amino acid conjugates）と呼ばれ，ヤガ科以外にもスズメガ科やシャクガ科などチョウ目幼虫の吐き戻し液中に見出されるが，同じチョウ目でもカイコなどFACsをもたない種も存在する．また，チョウ目昆虫以外では，コオロギやショウジョウバエでもFACsの存在が確認されている（Yoshinaga et al., 2007）．FACsの脂肪酸部分はリノレン酸やリノール酸などのパターンが知られ，アミノ酸部分はグルタミンとグルタミン酸のパターンが知られている．昆虫種によってそれら脂肪酸部分とアミノ酸部分の組み合わせは異なっている．植物にとってFACsは食害を受けているとの情報として機能するが，昆虫にとってFACsの合成は限られた窒素源を効率よく吸収するために役立つと考えられている（Yoshinaga et al., 2008）.

b. インセプチン

FACsはトウモロコシやタバコ，ダイズ，ナスなど幅広い植物種に揮発成分を放出させる一方，リママメやワタには防御応答を引き起こさない．このことはFACs以外にもエリシターが存在することを示唆し，その結果，2006年にササゲやインゲンマメの防御応答を活性化するツマジロクサヨトウ *Spodoptera frugiperda* 吐き戻し液から見出されたエリシターがインセプチンである（Schmelz et al., 2006; 図 4.2）．インセプチンは 11 個のアミノ酸からなるペプチドである．インセプチンは植物の葉緑体に存在する ATPase の γ - サブユニットがツマジロクサヨトウ幼虫により消化された断片に由来する．インセプチンはジャスモン酸やエチレン，サリチル酸を活性化することが知られている（Schmelz et al., 2009）．

吐き戻し液の成分として植物体内に取り込まれたインセプチンは，インセプチン受容体（inseptin receptor: INR）と名づけられたロイシンリッチリピート（leucine-rich repeat: LRR）をもつ受容体様タンパク質により特異的に受容される（Steinbrenner et al., 2020）．植物が病原菌の感染を認識するとき，病原菌由来のキチンなど PAMPs（pathogen-associated molecular patterns）は細胞外に LRR やリシンモチーフをもつ受容体キナーゼにより認識される（Reymond, 2021）．INR のような受容体様タンパク質は受容体キナーゼとは異なり，細胞内キナーゼドメインをもたないが，アダプターキナーゼとコレセプターと複合体を形成していると考えられている．INR は初めて同定された昆虫由来エリシターの受容体である．INR の遺伝子はササゲやインゲンマメには存在するが，ダイズには存在せず，マメ科の中でも特定の種に特異的な受容体であり，インセプチンが作用しうる植物種と相関する．

c.　ケリフェリン

ケリフェリンは，2007 年にアメリカトビバッタ *Schistocerca americana* の吐き戻し液から見出されたエリシターである（Alborn et al., 2007）．ケリフェリンも FACs と同じように基本骨格に脂肪酸をもつが，その構造は FACs とは大きく異なる（図 4.2）．ケリフェリンは，α 位がスルホオキシ化された脂肪酸で，ω 位はスルホオキシ化されている場合と，アミド結合を介してグリシンと縮合している場合がある．その脂肪酸の炭素数は 15 ～ 20 であり，炭素数 16 のものが最も多い．バッタ目は，アメリカトビバッタなどを含むバッタ亜目 Caelifera と，コオロギやキリギリスなどを含むキリギリス亜目 Ensifera に分けられる．ケリフェリンはその名に由来するとおり，バッタ亜目にのみ見出され，キリギリス亜目にはないといわれている．キリギリス亜目に属するコオロギやキリギリスの一部は FACs をもつことが知られている．

ケリフェリンは FACs と同じようにトウモロコシに HIPVs の生成を誘導する

ことを指標に見出された．しかし，これらHIPVsがバッタの天敵を誘引するのか，またHIPVsが直接バッタの食害を阻害するのか，HIPVs生成とバッタの関係は未だ明らかではない．また，シロイヌナズナにケリフェリンを処理すると，ジャスモン酸とエチレンの上昇がみられるが，それが意味するところも含め，ケリフェリンの生態学的役割は明らかではない．

□ 4.2.2　シグナル伝達とホルモン

植食者の食害や植物が受けた傷害は，一般に，植物ホルモンのジャスモン酸（図4.3）により植物体内で伝達され，遺伝子発現が変化する（Howe and Jander, 2008; Koo and Howe, 2009; Ballaré, 2011）．咀嚼性の昆虫が植物をかじると，植物体内のジャスモン酸量が短時間のうちに急増し，およそ30分～1時間のうちにピークを迎える．生合成されたジャスモン酸はイソロイシンと縮合し，このジャスモノイルイソロイシン（JA-Ile）が防御応答の本体である．活性型のJA-IleはSCF^{COI1}と複合体を形成することで，遺伝子発現を抑制するJAZ

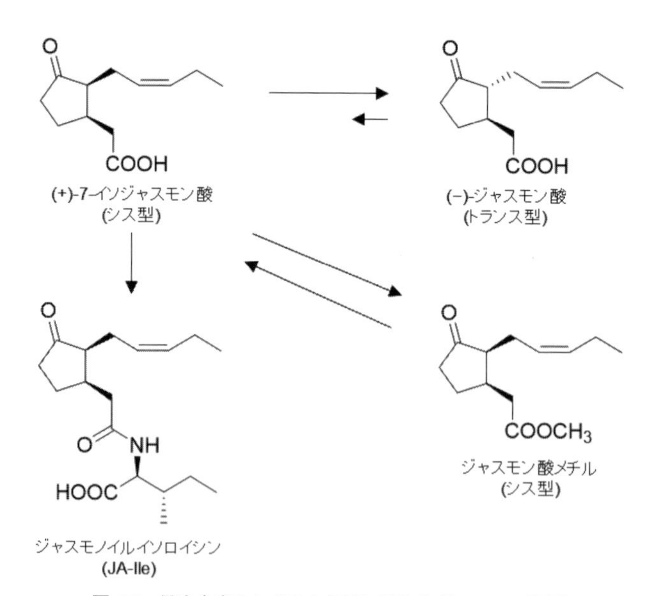

図 4.3　昆虫食害のシグナル伝達に関わるジャスモン酸類
(+)-7-イソジャスモン酸（シス型）は熱力学的に不安定で，そのほとんどはより安定なトランス型に変化する．ジャスモン酸メチルもシス型の方が不安定であるが，生物活性はシス型の方が強いといわれている．傷つけたセージブラシからはシス型のジャスモン酸メチルが放出される．植物体に取り込まれたジャスモン酸メチルはジャスモン酸を経てジャスモノイルイソロイシンへと変換され，揮発成分放出を誘導する．

(jasmonate ZIM domain) タンパク質と結合し，結果としてJAZタンパク質はユビキチン化を経て分解される．JAZタンパク質の分解により，遺伝子発現が始まり，様々な防御応答が開始される．

病原菌や吸汁性の昆虫の多くはジャスモン酸ではなく，サリチル酸の生合成を活性化する．一般に，ジャスモン酸とサリチル酸は拮抗する関係にあり，お互いの遺伝子発現を抑制することが知られている (Howe and Jander, 2008; Ballaré, 2011).

□ 4.2.3　昆虫食害により誘導される植物成分

昆虫やハダニといった植食者が植物にHIPVsの生成を誘導することはすでに述べた．HIPVsの生態学的役割を次の項で詳しく紹介する前に，HIPVs以外に植食者の食害により誘導される植物成分を紹介する．

植物は食害を受けると，植食者の消化酵素の働きを阻害するプロテアーゼインヒビターを生成することが知られている (Green and Ryan, 1972; Ryan, 1990; Pearce et al., 1991). プロテアーゼの阻害は窒素源の吸収を阻害することであり，直接的に植食者の発育を阻害する．トマトでは，プロテアーゼインヒビターの生成誘導は，食害を受けた葉だけではなく，食害を受けていない離れた葉でもみられ，全身でプロテアーゼインヒビターが蓄積する．食害を受けたトマトでは，内生ペプチドエリシターのシステミンを介してジャスモン酸の生合成が活性化され，このジャスモン酸が全身に移行することで，全身でのプロテアーゼインヒビターの生成誘導が引き起こされると考えられている．トマトでは食害ではなく，傷がついても同様の反応が起こることが知られている．

4.3　植食性昆虫の食害で誘導される揮発性物質 HIPVsとその生態学的役割

□ 4.3.1　HIPVsの種類

植物は昆虫の食害を受けると，「みどりの香り (green leaf volatiles: GLVs)」と呼ばれる香気成分を放出する (図4.4). こういったGLVsはリノール酸とリノレン酸など細胞膜成分に由来し，植物の葉が機械的に傷ついたときにも放出される．GLVsは，植物病原菌の生育を阻害する抗菌作用を併せもつなど多機能なにおい物質である (畑中，2007; Scala et al., 2013).

植食者の食害から数時間後には，機械的な傷では生じない食害特異的な揮発成分の放出が見られる．これら揮発成分はデノボ合成され，植物種により異なるが，(*E*)-*β*-オシメンやリナロールなどテルペノイドが幅広い植物種から見出される（図 4.4）．インドールやニトリル，アルドキシムといった窒素を含む揮発成分も HIPVs として見出される場合がある（図 4.4）．ジャスモン酸がメチル化されたジャスモン酸メチルや，サリチル酸メチルも HIPVs として知られている（Howe and Jander, 2008; Noge and Tamogami, 2013, 2018; Irmisch et al.,

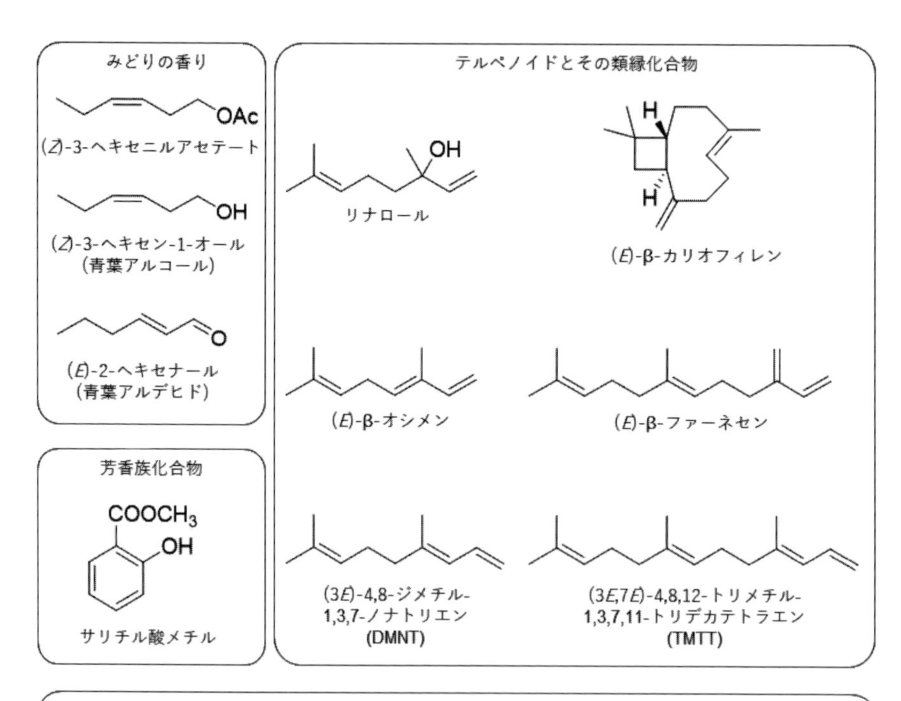

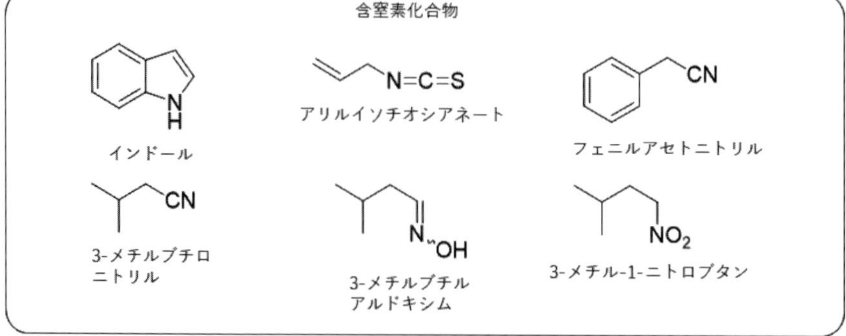

図 4.4　植食性昆虫・ダニ類の食害により誘導される揮発成分 HIPVs の例

2014; Turlings and Erb, 2018).

□ 4.3.2 HIPVsを介した植物－植食性昆虫－天敵の三者関係

すでに述べてきたとおり，HIPVsの大きな生態学的役割は，植食者の天敵がHIPVsを獲物ないしは宿主である植食者を発見する手掛かりにしていることである．これにより，食害を受けた植物と植食者，天敵の三者の相互作用が生じる(Turlings and Erb, 2018; Takabayashi, 2022)．HIPVsは，単独の化合物に天敵を誘引する活性がある場合と，ブレンドでないと誘引効果がない場合がある．単一の活性物質として，例えば，ハダニやアブラムシの食害で誘導されるサリチル酸メチルは，ヒメハナカメムシやテントウムシ，クサカゲロウといった天敵を誘引する（Rodriguez-Saona et al., 2011)．サリチル酸メチルを含む天敵誘引剤(PredaLure®)が実用化されている（134ページ参照)．一方，ブレンドが天敵の誘引に寄与する例として，コナガ幼虫に寄生するコナガサムライコマユバチは単一の成分には誘引されず，コナガ幼虫が食害したキャベツから放出される(*Z*)-3-ヘキセニルアセテート，*α*-ピネン，サビネン，*n*-ヘプタノールのブレンドを認識し，宿主となるコナガ幼虫を探索する．モンシロチョウ幼虫がキャベツを食害しても上記4種のHIPVsが放出されるが，コナガサムライコマユバチはモンシロチョウ幼虫によるHIPVsよりもコナガ幼虫によるHIPVsを好むことが知られている（Shiojiri et al., 2000, 2010)．また，コナガサムライコマユバチは，既に食害を受けた植物のHIPVsよりも食害を受けている最中の植物から放出されるHIPVsを好むことが知られ，HIPVsにより植物の状態をも見分けていると考えられている（Kugimiya et al., 2010)．

HIPVsは地上部（葉）から放出されるだけでなく，根からも放出されることが知られている．例えば，ハムシの1種*Diabrotica vergifera*幼虫の食害を受けたトウモロコシの根からは（*E*)-*β*-カリオフィレンが放出される．この揮発成分に，ハムシ幼虫に感染する昆虫病原性線虫*Heterorhabditis megidis*が誘引されることが知られている（Rasmann et al., 2005)．*Heterorhabditis*属線虫と同じく昆虫病原性線虫の*Steinernema*属線虫もまた根から放出されるHIPVsに誘引されることが知られている．HIPVsに反応することが宿主昆虫を探す手掛かりになっている．*Steinernema*属線虫は生物農薬として土壌で野菜や芝に害を及ぼすゾウムシ幼虫やコガネムシ幼虫，チョウ目幼虫の防除に実用化されている．

□ 4.3.3　HIPVs の植食性昆虫への影響

HIPVs は天敵を誘引するだけでなく，それ自体が直接的に植食者に負の影響を与えることも知られている．こういった HIPVs の役割はもともと HIPVs が果たす機能であろうと考えられている．例えば，HIPVs として知られるインドールやアミノ酸由来のニトリルやアルドキシムは植食者にとって有毒であり，植食者の摂食を阻害する（Irmisch et al., 2013, 2014; Veyrat et al., 2016）．また，タバコガ幼虫の食害によりタバコから放出される HIPVs は，タバコガの雌成虫に対して忌避効果をもち，既に食害された植物への産卵を避けることが知られている（De Moraes et al., 2001）．

□ 4.3.4　HIPVs と植物間コミュニケーション

HIPVs は植食者の天敵に対してシグナルとなるばかりか，まわりの植物にも影響を与える（Baldwin and Schultz, 1983; Karban et al., 2014）．例えば，傷ついたトマトから放出されるジャスモン酸メチルは，近隣のトマトに作用し，近隣の無傷のトマトにプロテアーゼインヒビターの生成を誘導する（Farmer and Ryan, 1990）．ハダニに食害を受けたリママメを無傷の葉と一緒に置くと，HIPVs を感知した無傷の葉で防御遺伝子の活性化が認められ，植物同士でのコミュニケーションが確かめられている（Arimura et al., 2000）．このような無傷の植物が HIPVs を感じ取る現象は「立ち聞き（eavesdropping)」と呼ばれている．

植食者の食害を受けたトマトから放出された（*Z*)-3-ヘキセノールが無傷の葉に取り込まれた後に，配糖体化されるといった植物間コミュニケーションも知られている（Sugimoto et al., 2014）．この配糖体は植食者の発育に負の影響を及ぼす．無傷の植物は，周りに食害を受けた植物がある場合，その HIPVs を感知することで，あらかじめ防御能力を高めたり，実際に食害されたときに即座に反応できるように準備したりしていることが知られている．来るべき食害に備えたアイドリング状態ともいえるこの現象はプライミングと呼ばれている（Engelberth et al., 2004; Frost et al., 2008）．HIPVs を介したじつに巧妙な植物の生存戦略を垣間見ることができる．

〔**野下浩二**〕

5. 社会性昆虫のケミカルコミュニケーション

アリやハチ，シロアリなどの社会性昆虫は，コロニーと呼ばれる集団を形成し，複雑な社会組織のもとで生活を行う．社会性昆虫のコロニーでは個体が役割分担をすることで，採餌や子どもの世話を協力して行う．また，他の生物との共生を介して生態系に対しても多大な影響を及ぼし，牧畜や農業といった現象も確認される．このような驚くべき生態をもつ社会性昆虫が示す個体間のコミュニケーションは，化学生態学者を含め多くの科学者の興味を惹きつけてきた．コロニーにおける集団行動や分業を調節する上で，個体は様々な情報を伝達している．情報は，視覚・聴覚・触覚・化学感覚など様々なモダリティを通して他個体へと伝えられるが，中でも嗅覚や味覚に関わる化学物質を用いたケミカルコミュニケーションは多くの場面で利用されている．

5.1 分業と社会組織化

多くの個体が集団で生活する社会性昆虫のコロニーでは，繁殖を行う女王，不妊のワーカーや兵隊といった，ある特定の仕事（タスク）に特化したカーストによる個体間での分業が見られる．形質の異なる多くの個体が様々な情報のやり取りを行うことで，集団としての組織化が実現される．社会構造の複雑さは種によって大きく異なり，少数の個体からなる単純な社会から，数万という多くの個体から構成される複雑なものまで多様である．情報の多様性，すなわちシグナルの数やその処理能力は，社会構造の複雑さに伴って増加することが知られている．例えば，コハナバチ科では社会性の種よりも単独性の種において，化学物質の受容に関わる化学感覚毛の密度が減少しており，単独性種はケミカルコミュニケーションへの投資量を減少させている（図 5.1, Wittwer et al., 2017）．

また，主に地中や朽木中に営巣し，地上を徘徊するアリ科では，フェロモンを介した嗅覚でのコミュニケーションが発達している．フェロモンは主に外分泌腺

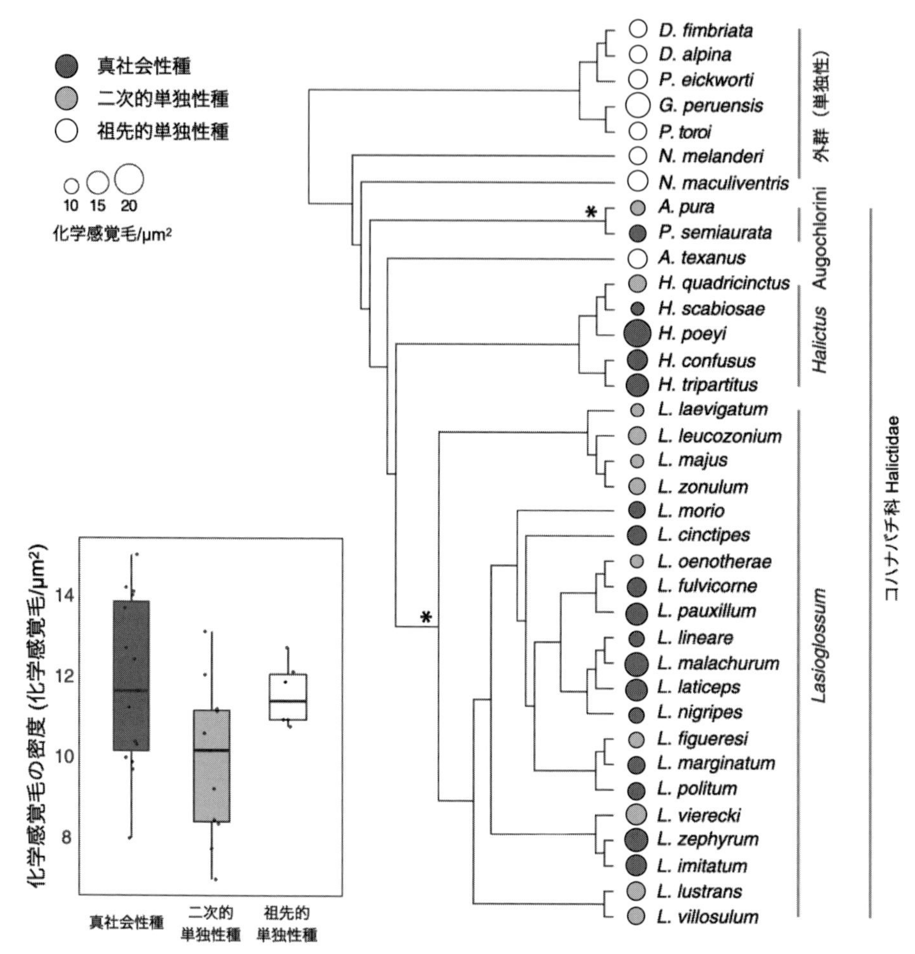

図 5.1　コハナバチ科における社会性の進化と触角における化学感覚毛密度の関係（Wittwer et al., 2017 より引用）

コハナバチ科では独立に 2 回社会性が進化している（右，系統樹における＊）．社会性を消失し，二次的に単独性となった種では，化学感覚毛の密度が低下している（左下，箱ひげ図）．

を通して体外に分泌される．これまでにアリ科全体で 40 以上の外分泌腺が同定され，単一のアリ種でも 20 程度の外分泌腺を保持している（図 5.2）．各外分泌腺に貯蔵されるフェロモンの化学構造も種によって大きく異なり，アルデヒドやアルコール，テルペン，アルカロイドなど多種多様な化合物が体内で合成されている．また，昆虫の嗅覚一次中枢である触角葉と呼ばれる領域に存在する糸球体

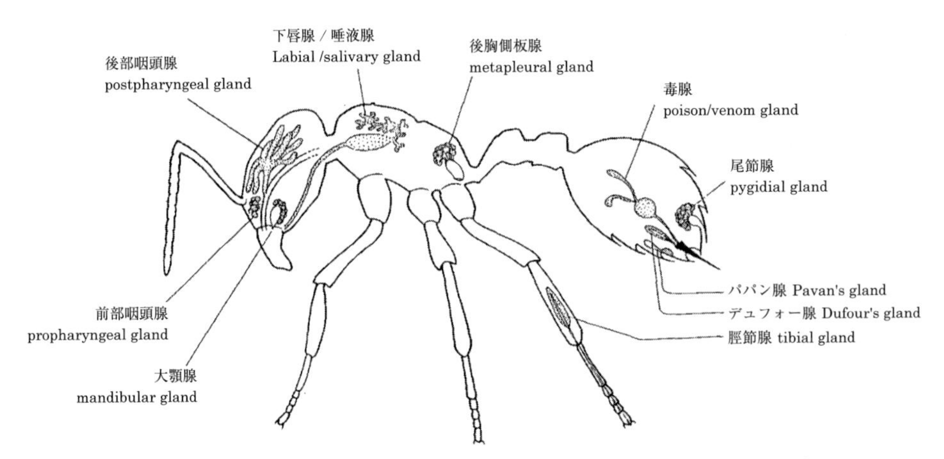

図 5.2　アリの主要な外分泌腺とその位置（Jackson and Morgan, 1993 より引用）

の数や，ゲノム中にコードされる嗅覚受容体の数は，他のハチ目昆虫と比べてアリ類では突出して多く，社会性の獲得とともに，複雑なケミカルコミュニケーションがアリ科で進化してきたことを示している（Hölldobler and Wilson, 2009）．

5.2　集団行動とフェロモンコミュニケーション

5.2.1　動 員 行 動

餌資源や巣場所などの資源を発見した個体が，仲間をその場所へと動員する現象は多くの社会性昆虫で見られる．仲間の動員様式は社会構造に応じて多様であり，触覚や振動，化学物質，またはそれらの複合的なシグナルが利用されている．社会性昆虫の動員様式において，最も有名な例の一つとして，セイヨウミツバチの 8 の字ダンスが挙げられるだろう．餌を発見したワーカーは，巣に戻ると定型形かつ複雑な行動シーケンスを示し，その動きの時間や回数・向きによって，餌場までの方向と距離を巣仲間に伝達する．また，ダンス個体は同時に 2 つの飽和炭化水素（nC23, nC25）と不飽和炭化水素（*Z*9-C23, *Z*9-C25）を分泌することで，ワーカーを巣外へと誘導し，資源の利用を促すことが知られる．一般的に，巣仲間の動員は 2 つの作用から構成される．1 つめは，巣仲間の注意を喚起して他者に対して動機づけをする作用であり，2 つめは巣仲間を資源の場所へと誘導（ナビゲーション）する作用である．

a. 資源利用の動機づけ

マルハナバチやハリナシバチにおいて，餌を発見して帰巣した個体は巣内で興奮した動きを示すとともに揮発性の動員フェロモンを分泌する．このフェロモンは餌源の発見を巣仲間へと伝達し，巣仲間を興奮させることで巣外へと動員するが，餌の場所に関する情報は提供していない．同様の現象はヒゲナガアメイロアリでも知られ，帰巣したワーカーが腹部の外分泌腺であるデュフォー腺から揮発性の化合物を分泌することで巣仲間を興奮させ採餌の動機づけをする．巣外へと出た巣仲間は，採餌ワーカーの後腸から分泌された化合物を頼りに餌場の位置情報を得ることができる（Leonhardt et al., 2016）．

b. 資源へのナビゲーション

アリ科に見られる動員はその集団サイズに依存して様式が異なる（図 5.3）．比較的小さな集団を形成する種では，動員を行わずに単独で採餌を行う場合もあるが，動員の際は餌場を学習したワーカーがリーダーとなり，1 ～ 30 個体のグループを引き連れて餌場へと誘導する．この際，動員されたワーカーはリーダーの腹部から分泌されるフェロモンを頼りにリーダーの後を追従する．一方，大規模な集団を形成する種では，餌を見つけた個体が巣までの経路に道しるべフェロモンを引きながら帰巣する．巣仲間がその道しるべフェロモンをたどることで行列が形成され，大量のアリを効率よく餌場まで導くことができる（Czaczkes et al., 2015）．アリにおいて，道しるべフェロモンは腹部から分泌され

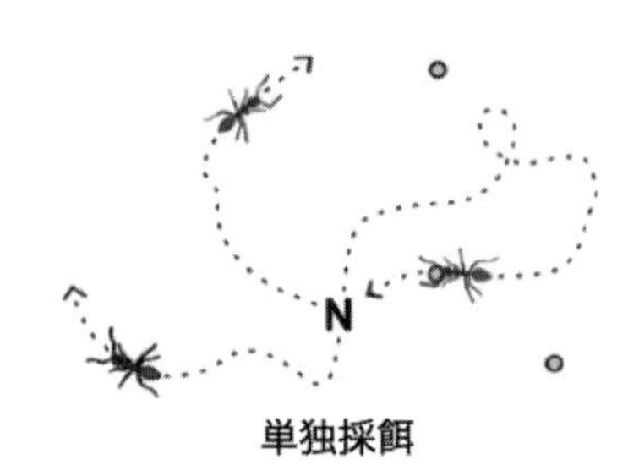

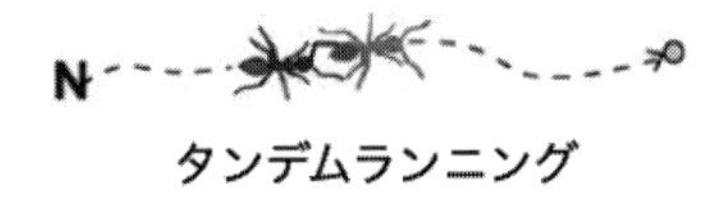

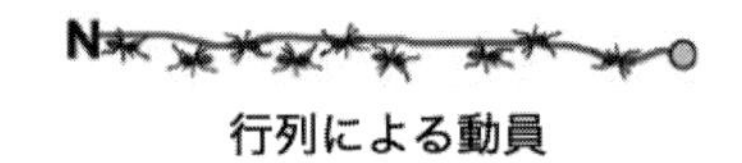

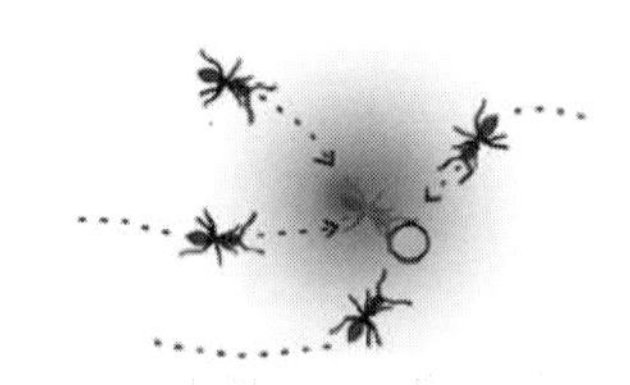

図 5.3　アリに見られる巣仲間の動員様式（Lanan, 2014 より引用）
N は巣穴を，丸は餌資源を示す．

る．分泌腺は種によって様々であるが，いずれの分泌腺もアリ科に特有であることから，道しるべフェロモンによる動員はアリ科において複数回独立に進化したと考えられる．対照的に，シロアリにおいて道しるべフェロモンはいずれの種でも腹板腺から分泌されており，道しるべフェロモンによる動員はシロアリにおいて単一起源であると示唆されている．道しるべフェロモンは帰巣した採餌ワーカーによって巣内でも分泌され，例えばアルゼンチンアリの道しるべフェロモンである *Z*9-16Al はワーカーの糖感受性や報酬学習を増強する効果をもつ（Rossi et al., 2020）．そのため，採餌に対する動機づけとナビゲーションの両方の作用をもつと考えられている．

□ 5.2.2 警報行動

外敵などの危険を察知した個体がシグナルを発することで他個体に警報を促す現象は，様々な社会性昆虫で見られ，多くの場合，警報フェロモンと呼ばれる化学物質が関与する．一般的に警報フェロモンは，分子量が小さな揮発性の高い化合物であり，空気中に拡散することで情報が広範囲にわたって伝達される．社会性昆虫では，警報フェロモンを他のシグナルと複合的に利用したり，警報フェロモンに対する行動応答を状況やフェロモンの強度に応じて切り替えたりすることで，外敵に対する組織的な防衛を可能にしている．

いくつかのミツバチ種はスズメバチ類に対する効果的な防衛行動を進化させてきた．ミツバチの巣が攻撃されると，多数のワーカーがスズメバチの周りを覆うように集団でボール状の蜂球を形成する．蜂球ではワーカーが胸部の筋肉を動かすことで熱を発し，蜂球内部の二酸化炭素濃度も上昇する．蜂球がもたらす高熱と窒息は，スズメバチに死をもたらし，襲撃を防ぐことができる．ミツバチは外敵の侵入に対して，迅速に巣仲間を動員し防衛するために，警報フェロモンを用いている．ミツバチの警報フェロモンは，複数の物質で構成されており，その主成分は酢酸イソペンチル（isopentyl acetate, IPA）である（図 5.4）．IPA は腹部の刺針部に付属する分泌腺から放出され，翅を羽ばたかせることによって分散される．ミツバチの刺針は刺された敵個体に刺さったまま残るが，IPA は残された刺針からも放出され続けることで，その場所に多くの巣仲間を誘引する．警報フェロモンへの応答は，日齢や状況によって異なり，例えばミツバチのワーカーが集団でいる場合は IPA に強い警報応答を示すが，単独で

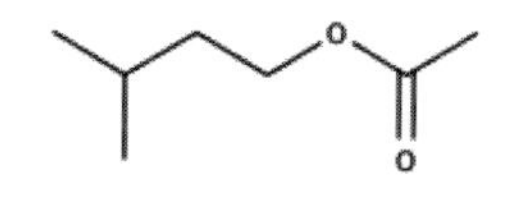

図 5.4 酢酸イソペンチル

いるときにはIPAに対する反応性が低下する．また，巣の入り口に滞在し，門番として働くワーカーは，IPAに対する反応性が上昇することが知られている(Leonhardt et al., 2016)．

アリ科においては，これまで研究されたすべてのアリ種で警報フェロモンの存在が確認されており，頭部の大顎腺をはじめとして多くの外分泌腺から，多様な物質が報告されている．古典的には，警報フェロモンに対する典型的な反応は2つに分類されている．コロニーが小さく，一時的な巣をもつ種は，警報フェロモンを感知すると，幼虫を咥えて走り回ることで分散し，その場から退避する．一方，大規模なコロニーをもつアリ種では警報フェロモンの発信源に向かっていき，攻撃的に振る舞うことで脅威を排除し，巣を守る傾向がある．警報フェロモンはその濃度によって異なる行動を誘発する場合がある．シュウカクアリの1種 *Pogonomyrmex badius* では頭部の大顎腺から分泌される 4-methyl-3-heptanone（4Me-7-3Kt）が主要な警報フェロモンとして機能する（図5.5）．揮発性の高い4Me-7-3Ktはにおいの発信源から離れるほどその濃度も低下し，ワーカーは低濃度の4Me-7-3Ktに対しては誘引反応を示すが，濃度が高くなると興奮して攻撃的に振る舞う．つまり単一の化合物に対する濃度依存的な行動の切り替えによって，警報源へと巣仲間を誘引し攻撃を行う警報システムを実現している．ツムギアリの一種 *Oecopbylla longinoda* では，同様の警報システムを単一の外分泌腺から分泌される複数の警報フェロモンによって実現している．ツムギアリは大顎腺から hexanal（6Al），1-hexanol（6OH），3-undecanone（11-3Kt），2-butyl-2-octenal の4つの化合物を分泌する．最も揮発性が高く遠くへと拡散する6Alはワーカーを警戒させ，次に揮発性が高い6OHはにおい源への誘引反応を引き起こす．最終的に揮発性の低い11-3Ktや2-butyl-2-octenalを知覚すると，ワーカーは噛みつき行動などの攻撃的な振る舞いを示すことで，警報源を排除する（Hölldobler and Wilson, 2009）．

警報のように，情報をより速く，遠くに伝達する場合には，化学物質よりも音響信号のほうが優れている．実際に，シロアリや一部のアリ種では地面に体を打ちつけることで発する振動が警報シグナルとして用いられる．振動は巣仲間を警報状態へと移行させるが，噛みつきなどの攻撃的な行動は誘発しない．一方で，振動は，その後に知覚される警報フェロモンに対する応答を変化させ，より攻撃的な反応を示

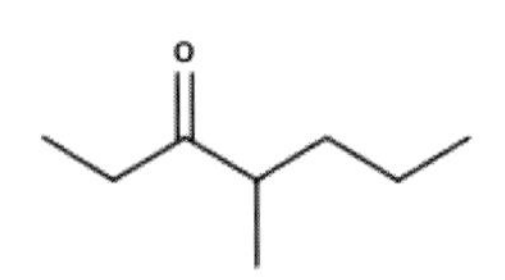

図5.5 4-methyl-3-heptanone（4Me-7-3Kt）

すようになる．

5.3 体表炭化水素

昆虫の体表組織は表皮細胞と，外骨格として機能するクチクラ層で構成されている．クチクラ層は，直鎖飽和炭化水素，直鎖の不飽和炭化水素，および分岐炭化水素の複雑な混合物で覆われており，これらは体表炭化水素（cuticular hydrocarbons; CHCs）と呼ばれる．強い疎水性をもつ炭化水素は，体内の水分損失を抑制し，乾燥を防ぐ機能をもつ．一方，多くの昆虫種において，体表炭化水素は個体間のコミュニケーションにおける様々な機能を果たすように進化してきた．炭化水素は単一成分としての構造は単純であるが，炭素鎖長や二重結合・メチル基の位置を変化させることで複雑な成分のブレンドを実現することが可能である．単独性昆虫の多くでは，体表炭化水素の組成や組成比が雌雄で異なり，性フェロモンや雄の順位制を示すシグナルとして利用されている．社会性昆虫においては，その機能が多様化し，分業に基づく社会の組織化に欠かせない，重要なシグナルとなっている．ここでは社会性昆虫における体表炭化水素の作用として，巣仲間認識におけるシグナルとしての機能を紹介する．

□ 5.3.1 巣仲間認識

社会性昆虫のコロニーにおいて，他個体に対する利他的な行動は血縁者である巣仲間に向けられる必要がある．ワーカーが巣仲間と非巣仲間を識別し，非巣仲間を排除することは，非血縁個体によって巣の資源が搾取されることを防ぐ上で非常に重要である．ワーカーが巣仲間と非巣仲間を識別するためには，コロニーに固有のシグナルと，そのシグナルを知覚し，受諾または拒否の評価を行う神経メカニズムが必要である．

一般的に体表炭化水素の組成（構成成分）は種内で同じであるが，その組成比（各炭化水素成分の量比）はコロニー特異性を示し，ワーカーはこの組成比の違いに基づいて，出会った個体が巣仲間か否かを識別する．この際，巣仲間の体表炭化水素から何らかの成分を実験的に欠落させても，ワーカーはその巣仲間個体に対して攻撃行動を示さないが，新たに炭化水素成分を加算すると攻撃行動が誘発される．このことは，ワーカーが炭化水素組成比によって「巣仲間」を知覚して受け入れるのではなく，自分とは異なる炭化水素成分を持つ「非巣仲間」という情報を知覚して攻撃していることを示している (Guerrieri et al., 2009).

体表炭化水素の組成比は遺伝的要因の影響を一部受けている. 例えば, コロニーから隔離した状態で羽化したワーカーであっても, 巣仲間から攻撃される程度は非巣仲間からのものよりも有意に低い. これは, 生まれながらに巣仲間 (血縁者) と似た体表炭化水素組成比を保持していることを示している. 一方, 体表炭化水素組成比は, 巣の環境や餌など環境要因にも影響を受けて変化する. そのため, 同じ巣仲間であっても異なる体表炭化水素組成比を示すことになる. したがって, 同じコロニーの個体は, 相手の体表面を舐めとるアログルーミングや栄養交換を通じて, 体表炭化水素を個体間で継続的に交換している. その結果, 遺伝的要因と環境要因が組み込まれた, 個体間で共通するコロニー特異的な体表炭化水素組成比が形成される.

体表炭化水素は一般的に 30 程度の成分から構成されるため, ワーカーはそれら複雑な混合物の組成比の違いを識別し, 非巣仲間を排除しなければならない. 知覚した体表炭化水素が巣仲間か非巣仲間かを識別する過程には, 学習が関与する. ワーカーに巣仲間以外の体表炭化水素を継続して提示すると, その体表炭化水素に対する攻撃性が低下する. このことから, 他個体との遭遇を繰り返すことで, 巣仲間の体表炭化水素組成比の雛型 (テンプレート) が形成され, 遭遇した個体の体表炭化水素組成比をテンプレートと比較することで, 巣仲間か否かを識別するとの仮説が提唱されている. テンプレートの実態がどのような神経プロセスを経て形成されるかは, 未だ不明であるが, 代表的なものとしては, 脳に長期記憶として貯蔵される神経活動であるとのモデルと, 末梢神経における受容神経の馴化であるとするモデルの 2 つが知られる.

巣仲間識別においてワーカーは, 遭遇した個体の体表炭化水素組成比とテンプレートを比較し, 出会った相手を受け入れるか否かをある閾値を持って判断すると考えられる. この閾値に基づく意思決定では, 巣仲間を誤認識し排除してしまう過ち (タイプ I エラー) と, 非巣仲間を誤認識し受け入れてしまう過ち (タイプ II エラー) の, いずれかが生じてしまう (図 5.6). 社会性昆虫はこの 2 つの過ちによって生じるコストと利益のトレードオフに基づいて, どの精度で非巣仲間を排除するかの閾値を調整している. 一般的に, 多くの種では非巣仲間の受け入れは観察されるが, 巣仲間の排除は非常に稀であり, 巣仲間を排除してしまうコストを低減させている. 一方, この閾値は柔軟に調節される. 例えば, セイヨウミツバチにおいて, コロニーが利用できる餌資源が不足しているときには, 餌

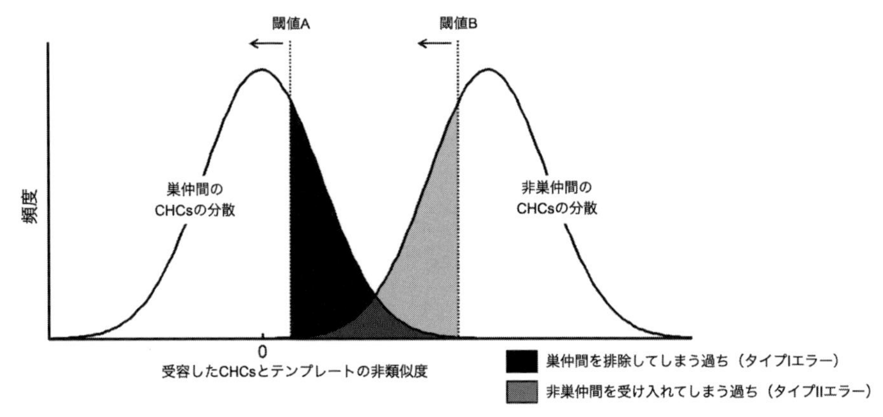

図 5.6　閾値に基づく巣仲間と非巣仲間の識別モデル（van Zweden & d'Ettorre, 2010 を改変）
遭遇した個体の体表炭化水素組成比とテンプレートの非類似度に対して，ある閾値が設けられる．閾値よりも左側（矢印）の個体は巣仲間として受け入れられる．ワーカーは閾値を変動することで非巣仲間を排除する程度を調整できる．閾値 A では，巣仲間を排除するエラーが頻繁に起こるが，非巣仲間を受け入れることはない．一方，閾値 B では巣仲間を排除することはないが，非巣仲間を受け入れてしまうエラーが頻繁に起こってしまう．

資源を搾取する非巣仲間を受け入れるコストが高くなる．そのため，巣入り口にいる門番個体は，誤って巣仲間を排除するコストを受け入れて，識別の閾値を下げる方向にシフトさせる．また，巣仲間の識別はフェロモンによっても調節され，オオアリ属の *Camponotus aethiops* において，代表的な警報フェロモンであるギ酸は，巣仲間識別における誤認識を短期的に低下させる作用がある（Rossi et al., 2019）．

5.4　分業とフェロモンコミュニケーション

□ 5.4.1　繁 殖 分 業

社会性ハチ目のコロニーでは，ごく少数の個体が女王として繁殖に専念し，その他の大多数のワーカーは繁殖せずに採餌や幼虫の世話をする．しかし多くの場合，ワーカー自身も機能的な卵巣を保持しており，女王が死ぬなどして不在になるとワーカーは産卵を開始する．ワーカー数が 100 頭にも満たない小さなコロニーをもつ種では，女王はワーカーとの攻撃的な相互作用を介して，ワーカーによる産卵を抑制している場合がある．対照的に，数百～数万のワーカーからなる大きなコロニーでは，女王フェロモンによってワーカーの繁殖が抑制される．多くの社会性昆虫では，体表炭化水素混合物の中に含まれる特定の化合物が女王フェロモンとしてワーカーの卵巣発達を抑制している．女王フェロモンとして作用する炭化水素は，女王の繁殖力や卵巣発達と相関してその量が増減する．例えばケアリの一種である *Lasius niger* の女王では繁殖能力と相関して 3-methylhentriacontane（3Me-C31）の分泌量が増加し，3Me-C31 を知覚したワーカーは自らの卵巣発達を抑制させる（Holman et al., 2010）．女王フェロモンは難揮発性であるため，作用する範囲は女王のごく周辺に限られる．そのため，女王自らが巣内をパトロールして自らの存在を知らせる例や，女王が産む卵の表面にも女王フェロモンが存在し，卵を通して女王の存在をコロニー内に拡散する例が知られる．このように，女王フェロモンは，女王の存在とその繁殖力をワーカーに伝達することで，コロニーにおける繁殖分業を強固なものにしている．

女王フェロモンは，セイヨウミツバチで最も精力的に研究されてきた．セイヨウミツバチでは，他の社会性昆虫種とは異なり，体表炭化水素よりも揮発性のある女王の大顎腺フェロモン（QMP: queen mandibular pheromone）が中心的な役割を果たしている．QMP は，少なくとも 9 つの成分（5 つの脂肪酸誘導体，2 つのアルコールおよび 2 つのフェノール）から構成されている．QMP の各成分およびその混合物は，ワーカーの卵巣発達を抑制する作用だけでなく，ワーカーによる新女王の飼育や幼若ホルモンの合成を阻害する作用を持つ．またミツバチは若齢のワーカーが巣内での仕事を行い，老齢の個体が採餌などの巣外での活動を行う齢差分業を示すが，QMP はワーカーの内役から外役への移行を遅らせる作用ももつ．また，QMP は脳神経系に作用し，ワーカーの認知機能を変化させる．羽化直後から QMP やその構成成分の一つである homovanillyl alcohol（HVA，図 5.7）にさらされた若齢のワーカーは，におい刺激と電気ショックを関連づけて学習することができなくなる．一方，老齢ワーカーに対しては QMP による嫌悪学習の阻害効果は確認されない．HVA は，若齢ワーカーの嫌悪学習を阻害することで女王の近くに留まらせ，女王の生存や繁殖を高めていると考えられる（Vergoz et al., 2007）．

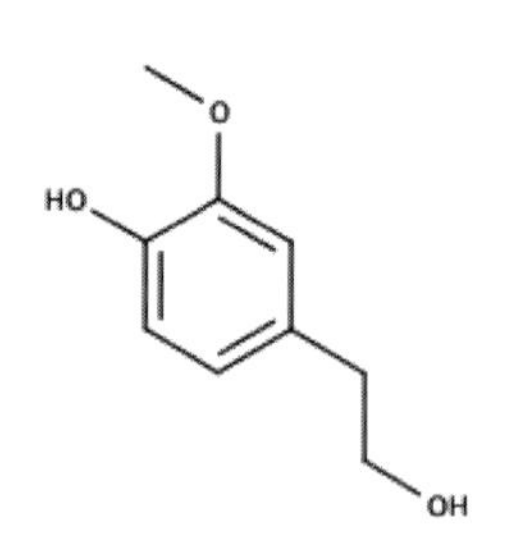

図 5.7　homovanillyl alcohol（HVA）

体表炭化水素以外の女王フェロモンは他の社会性昆虫でも知られ，ヒアリ *Solenopsis invicta* の女王は毒腺から分泌される化合物によって，未交尾女王の生殖活動を阻害するとともに，ワーカーからの随伴やグルーミングといった援助行動を誘導する．同様に，ヤマトシロアリの二次女王や女王卵から得られる揮発性の 2-methyl1-butanol と *n*-butyl*n*-butyrate は，ワーカーを誘引するとともに，新しい女王の分化を阻害する．

□ 5.4.2　タスク認識

社会性昆虫のコロニーに見られる分業では，ワーカーによって採餌や巣作り，子の世話など多くの仕事が処理されるだけでなく，状況に応じてそれぞれの仕事を行うワーカーの数が調整される．このような仕事の割り振りは特定の個体が全体を把握して制御するのではなく，個体間の相互作用を介してワーカーが行う仕事を柔軟に変化させることで，自己組織的に分業体制が形作られている．個体間相互作用において，ワーカーは対峙した相手がどのような仕事を行う個体か，その属性を認識する．そのような情報を担う化合物としても，やはり体表炭化水素の組成比が用いられている．シュウカクアリの一種 *Pogonomyrmex barbatus* ではワーカーの体表炭化水素は巣仲間を認識するためのシグナルとして機能すると同時に，ワーカーが従事する仕事に関する情報も提供する．巣外で活動し，高温や低湿度にさらされる採餌個体は，巣内での仕事を担うワーカーよりも直鎖飽和炭化水素の割合が多い．ワーカーはこの飽和炭化水素の組成比の違いを識別しており，最初に採餌にでたパトローラーが無事に巣に戻ったことを炭化水素への接触によって知覚すると，そのワーカーは採餌を始めるようになる（Greene and Gordon, 2003）．同様の現象は別のオオアリ属のアリ種 *Camponotus vagus* でも報告されており，巣内で活動するワーカーを巣外へと移動させると，他のワーカーによって巣に戻されるのに対し，採餌中のワーカーを巣外へと移動させても戻されることはなかった．このような仕事に応じた対応の違いには，仕事に特有の炭化水素組成比が重要な役割を担っている．

□ 5.4.3　幼虫フェロモンと分業

社会性ハチ目昆虫の研究においては，主にワーカーや女王といった成虫に焦点が当てられ，その特徴について研究がなされてきた．一方，発生段階にある幼虫や蛹に関しても，シグナルを介してコロニーの分業や成長を調節することが知られる．セイヨウミツバチの幼虫は，だ液腺から 10 種類ほどの脂肪酸エステルを

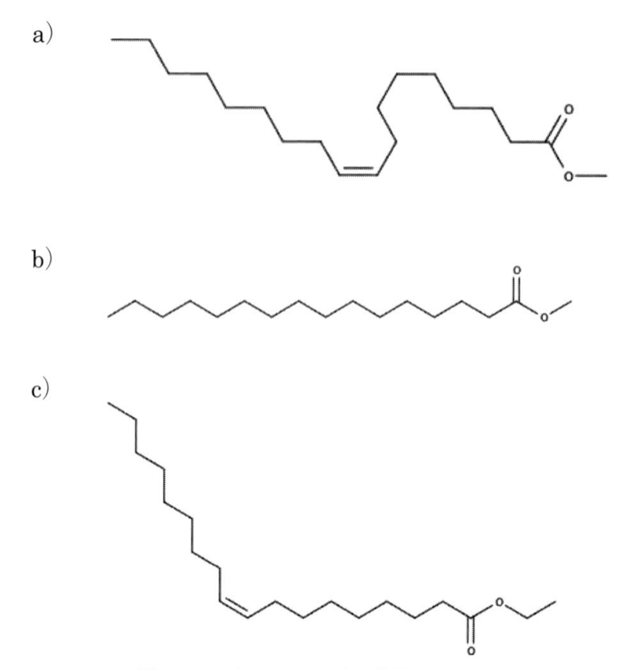

図 5.8　セイヨウミツバチの幼虫フェロモン
a) オレイン酸メチル，b) パルミチン酸メチル，c) オレイン酸エチル．

分泌する．この幼虫フェロモンは様々な作用を介して，ワーカーの行動を調節している．例えば，オレイン酸メチルは幼虫がいる巣房に蓋をする行動を誘導するが，パルミチン酸メチルやオレイン酸エチルはワーカーの下咽頭腺のタンパク質合成を活性化し，幼虫の餌となる分泌液の量を増加させる（図 5.8）．また，幼虫フェロモンは QMP と同様に，ワーカーの卵巣発達も阻害し，卵黄前駆体タンパク質であるビテロジェニンの量を低下させる．幼虫フェロモンの作用は濃度によっても異なり，ある閾値以下では，ワーカーが採餌に行くまでの日数を短くするが，高濃度では採餌の開始を遅らせる作用をもつ．このように，幼虫フェロモンはワーカーの行動を柔軟に切り替えることで，ワーカーによる幼虫の世話を最適化していると考えらえる（Le Conte et al., 2006）．

アリ類では，蛹から幼虫や成虫へと受け渡される液体が，アリの成長に必須であることが知られる．クビレハリアリをはじめとするいくつかのアリ種において，羽化が近づいたアリ蛹の腹部先端から液状の物質（脱皮液）が分泌されることが確認されている．ワーカーは小さな若齢幼虫を蛹の表面に配置し，蛹から分泌されるこの液体を摂食させる．若齢幼虫は他の餌資源が十分に与えられたとしても，この蛹からの液体を摂食しないとその後の発達や生存が著しく低下する（図 5.9，Snir et al., 2022）．つまり，ワーカーの働きかけによる蛹から幼虫への「授乳」は個体の成長に欠かせない重要な機能をもつ．この蛹が分泌する液体には糖やアミノ酸といった栄養に加えて，神経伝達物質やホルモンなども検出されているため，ワーカー間での栄養交換同様に様々な生理活性をもつと考えられる．

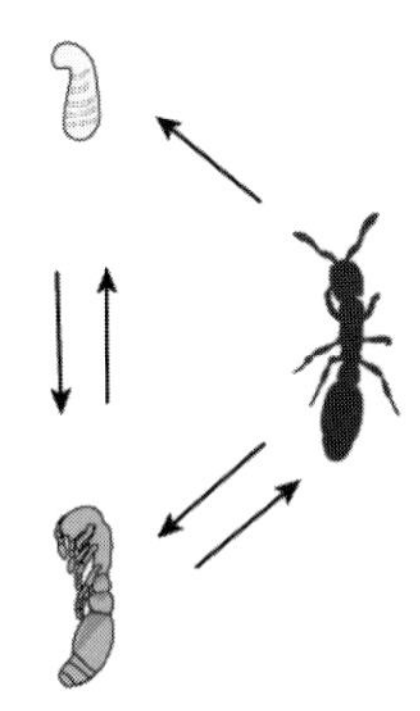

図 5.9　蛹の脱皮液を介した幼虫・蛹・ワーカー間の相互作用（Snir et al., 2022 より引用）
蛹は脱皮液を体外に分泌し，ワーカーは幼虫を蛹の上に置く．幼虫とワーカーは体液を消費することで栄養源として利用するとともに，体液を消費することで蛹が微生物に感染し死亡するのを防ぐ．

□ 5.4.4　警 察 行 動

前述のとおり社会性ハチ目昆虫の多くでは，ワーカーも雄卵を産むことが可能である．産卵するワーカーは労働しないため，ワーカーによる繁殖が蔓延するとコロニーとしての生産性は低下してしまう．実際，コロニー内で利己的に繁殖しようとするワーカーに対しては，警察行動（ポリシング）と呼ばれる取り締まりが行われる．警察行動では，ワーカーが産んだ卵を食べて破壊したり，繁殖しているワーカーに対して，女王やワーカーが物理的に攻撃したりすることで，繁殖を抑制させる．このようなコロニーメンバーによる相互監視と取り締まりによって，ワーカーによる繁殖のコストが増加し，ワーカーの利己的な振る舞いは自制される（Ratnieks, 1988）．

ワーカーが産卵した卵の選択的破壊による取り締まりでは，ワーカーは女王の卵と他のワーカーが産卵した卵を高確率で識別することができる．これは，女王が卵を産む際にその表面に女王フェロモンとして作用する炭化水素でマーキングすることで，ワーカーが産んだ卵との区別が可能となる．このような仕組みはスズメバチやオオアリにおいて報告があるが，ワーカー卵の選択的破壊がよく研究されているセイヨウミツバチでは，ワーカー卵の識別に関わるフェロモンは未だ不明である．繁殖しているワーカーに対する選択的な攻撃には，女王フェロモンと同様に繁殖に関連して分泌量が増減する化学物質が関与している．アシナガア

リ属の *Aphaenogaster cockevelli* ではワーカーの繁殖によって特定の体表炭化水素成分が増加する．未繁殖のワーカーにその成分を塗布し，女王存在下のコロニーに戻すと，他のワーカーに激しく攻撃される（Smith et al., 2009）．

5.5 栄養交換

社会性昆虫のコロニー内では，個体間で口移しあるいは肛門食によって直接的に化学物質を受け渡す行動がみられ，これは栄養交換と呼ばれている．栄養交換はその名が示すとおり，個体が集めた餌を他個体に直接渡すことでコロニー内に栄養を分配し，コロニー全体の採餌行動を調節する役割をもつ．一方，栄養源の分配以外にも様々な機能をもつことが知られる．例えば，前述の巣仲間識別に関わる体表炭化水素の混合物はアリ類において頭部の後部咽頭腺にも貯蔵されており，栄養交換によって他個体の炭化水素と混合されることで，コロニー特有の炭化水素組成比が形成される．また，栄養交換でやり取りされる液体中には糖やアミノ酸といった栄養成分・炭化水素に加えて，消化・免疫応答に関わるタンパク質，遺伝子の発現を調節する miRNA（マイクロ RNA），成長や繁殖を制御する幼若ホルモンなど，じつに様々な成分が含まれており，その成分はコロニーの成長度合いや個体のカースト，日齢などによって変化する（LeBoeuf et al., 2016）．アリの幼虫が成長後どのカーストになるか，その運命は個体の栄養状態や幼若ホルモンなどによって可塑的に決定するため，栄養交換は個体のカースト運命を決定する重要な働きを持っているかもしれない．

5.6 種間共生

社会性昆虫は陸上生態系で繁栄した昆虫であり，他種との複雑な共生関係が見られる．被子植物の多くは花に報酬である蜜を備えるとともに，花の色や形，においを通してミツバチを誘引し，花粉を媒介してもらう．また，植物，半翅目昆虫，シジミチョウなどは栄養価の高い蜜報酬を提供することで，アリをボディーガードとして雇い，天敵から身を守る．シグナルを介した種間のコミュニケーションは，社会性昆虫との相互作用を維持する上で不可欠な要因の一つである．社会性昆虫との共生様式は多岐にわたるため，すべてを詳細に取り上げることは困難である．ここではアリを取り巻く共生関係を中心に，多くの分類群で共通して見られる現象を取り上げる.

□ 5.6.1 栄 養 報 酬

社会性昆虫との種間相互作用においては，花蜜などに含まれる栄養分が中心的な役割を果たす場合が多い．蜜の栄養素は主に様々な糖とアミノ酸からなるが，共生相手は状況に応じて蜜の質と量を調節することで，そのコストを調整することができる．例えば，アリと共生するアブラムシは，アリに随伴されると蜜を頻繁に分泌し，特に蜜中のアミノ酸の濃度を高める．また，アリと共生するシジミチョウでは，天敵に襲われると蜜の分泌頻度を高めることが知られる．

アリは一般に糖とアミノ酸の濃度や量が多い高品質の蜜を選んで食べるため，蜜の質と量を変化させることで，随伴させるアリの数を調節することができる．また蜜には糖やアミノ酸の他に，脂質，アルカロイド，ペプチドなども含まれており，蜜は社会性昆虫にとって単なる栄養報酬以上の作用をもたらすと考えられる（5.6.4 項参照）.

□ 5.6.2 誘　　引

多くのアブラムシ種は（*E*）-β-ファルネセンという揮発性化合物を警報フェロモンとして用いる．アリはアブラムシのコロニーの存在を示す手がかりとして，この警報フェロモンを利用しており，ケアリ *Lasius niger* は（*E*）-β-ファルネセンに強く誘引される（Verheggen et al., 2012)．ただし，（*E*）-β-ファルネセンはアリと共生しないアブラムシも分泌することから，警報フェロモンに対するアリの誘引反応は，本来アブラムシを獲物として捕食するために利用された形質であり，その副産物としてアブラムシとの共生にも機能していると考えられる.

揮発性化合物を介したコミュニケーションは，シジミチョウとアリの共生でも利用されている可能性がある（Pierce et al., 2002)．アリと共生するシジミチョウの幼虫が天敵に襲われると，幼虫は伸縮突起（tentacle organs）と呼ばれる特殊な外分泌腺を伸展させる．伸縮突起の伸展は，シジミチョウ幼虫の周辺にいるアリを興奮させ，その結果として天敵を効果的に駆除することにつながる．伸縮突起の基部には分泌細胞が多数あることから，アリの警報フェロモンを模倣した化学信号が分泌され，アリの興奮行動を誘発していると考えられている．しかしながら，現在までのところ，伸縮突起から分泌される化学物質を検出することはできていない．また，伸縮突起によるアリの興奮行動は学習により獲得されるものであり，シジミチョウ幼虫が分泌する蜜を摂食したアリのみに観察される．一般的に，警報フェロモンに対するアリの反応は生得的であることから，伸縮突起から分泌される化合物が警報フェロモンの擬態であるという仮説には，再考の余地が残されている．

□ 5.6.3　学習と認知

報酬を介した共生関係を維持するためには，共生相手から提供される報酬の質に基づいた選択的な協力が不可欠である．このような選択を実現するためには，学習と記憶に基づく意思決定が効果的である．多くの花を訪れるセイヨウミツバチは訪花した花の蜜とにおいを関連づけて学習し，同じにおいを放つ花を再び訪れるようになる．また，学習したにおい情報は巣内での栄養交換や８の字ダンスを通して巣仲間と共有され，巣仲間は直接訪花した経験がなくとも，特定のにおいを学習し，そのにおいを放つ花を訪れるようになる．同様の現象はアブラムシやシジミチョウとアリの共生にも見られる．アリは随伴する共生相手が分泌する蜜と体表炭化水素を関連づけて学習し，同じ体表炭化水素をもつアブラムシやシジミチョウに対する随伴行動を増加させる．また，学習した情報は栄養交換を介して巣仲間に伝達され，アブラムシから直接報酬を受け取っていない個体もアブラムシに対する随伴行動を増加させる．このような社会性昆虫の個体・集団レベルでの学習能力は，共生相手に対して複雑で学習しやすいにおいを進化させてきた．アリと共生しないアブラムシやシジミチョウの体表炭化水素は，互いに似ており，単純な構造をもつ直鎖飽和炭化水素で占められている．一方，アリと共生するアブラムシやシジミチョウの体表炭化水素は不飽和炭化水素や分枝飽和炭化水素が多く含まれており，その組成は種間で大きく異なる．また，アリはこのような複雑な体表炭化水素を効果的に学習するが，直鎖飽和炭化水素を主成分とする非共生種の体表炭化水素をうまく学習することができない．

また，蜜分泌物からもいくつかの揮発性化合物が放出されている．これら化合物の一部は蜜中の微生物によって生産されており，アリやハチといった社会性昆虫を誘引する作用をもつ．このような蜜自体のにおいに対する選好性も学習によって形成されると考えられており，におい学習による共生相手の選択は，社会性昆虫を取り巻く共生関係の安定性に広く寄与している．

□ 5.6.4　行 動 操 作

共生関係においてはしばしば，共生相手の行動を自身の都合のいいように操作する現象が見られる．これは，一見友好的に見える共生も相互作用する生物が互いに利己的に振る舞った結果に過ぎない，とする考えと一致する．

コーヒーノキ属を含む一部の植物は花蜜中に一定量のカフェインを含む．カフェインなどのアルカロイドは，本来食害を防ぐための防御物質として機能するが，蜜中に含まれる少量のカフェインはセイヨウミツバチの長期記憶能力を向上させ，花へと強く引きつける機能をもつことが知られる（Wright et al., 2013）．また，アブラムシやシジミチョウが分泌する蜜はアリの運動や攻撃行動を変化させる作用をもつ．アブラムシの蜜には神経伝達物質であるドーパミンが含まれており，蜜中のドーパミンによってアリの行動を操作していると考えられる（Hojo, 2022）．

一方，社会性昆虫による共生相手の操作も知られる．ヒアリが分泌する，(*Z*,*E*)-α-ファルネセンおよび（*E*,*E*)-α-ファルネセンは，道しるべフェロモンとしての作用をもつことが知られる．一方，ヒアリの道しるべフェロモンは，アブラムシに対しては飛翔による分散を減少させ，単為生殖による繁殖を増加させる効果をもつ（Xu et al., 2021）．アブラムシを分散させることなく増殖させることで，ヒアリはアブラムシのコロニーを安定した餌源として利用できるようになる．

5.7　展望：社会性昆虫の化学生態学

社会性昆虫が分泌する多様な化合物とその複雑な機能の追求は，化学生態学の発展と普及に寄与してきたことは間違いない．ただし，主な研究対象となっている種は，一部のごく少数の種に限られており，新たな機能をもつ未知の化合物が未だに多く残されていると考えられる．同定されている既知のフェロモン物質についても，ある特定の機能に限定して研究が進められているのが現状である．また，多数のフェロモンを個体がどのように処理しているのか，その神経機構に迫る研究もまだ限られている．社会性昆虫においては多様な化学物質が文脈に応じて行動や生理に多面的な影響を及ぼすことで，個体レベルの階層を超えた複雑な社会の組織化が実現されているはずである．社会性昆虫を題材とした研究は行動生態学や進化生態学，神経科学といった分野との関わりも深く，既存のフェロモン研究の概念を打ち破り，化学生態学を新たな発展へと導く可能性が秘められている．

〔北條　賢〕

6. 脊椎動物の防御物質を巡るケミカルエコロジー

6.1 はじめに—毒を巡るはなし—

「毒」とは，生物に害を及ぼす物質の総称であり，摂取や接触をすることで様々な症状を引き起こす化学兵器である．自然界において生物たちは直接的あるいは間接的に様々な相互作用をしている．毒は最も普遍的に見られる生物間相互作用，「食う–食われる」関係において進化してきた代表的形質の１つである．獲物を捕食するための武器として，あるいは捕食者から身を守るための防具として，毒をもつ生物は多い．前者はコブラのような毒ヘビ，サソリ，毒グモやハチが自ら生成し，咬む・刺すことで注入する，タンパク質やペプチドからなる毒（venom）が多く，後者は様々な植物がもつようなアルカロイドなどの低分子有機化合物からなる毒（poison）が多い．植物の防御用毒を摂取し，体内に蓄積して自身の化学防御に再利用する昆虫（無脊椎動物）も poison の例として有名である．これら昆虫を対象とした化学生態学的研究は古くから盛んに行われ，知見も豊富である．脊椎動物においても，有毒なエサを食べ，その毒を体内に蓄積するという特徴的な進化を遂げた種が存在するが，その知見は昆虫ほど十分ではない．これら脊椎動物の防御用毒を扱った化学生態学的研究は，生物間相互作用と生物多様性の重要性，生態系内における天然毒化合物の動態や機能，薬・医学的応用などを考える上で重要であり，これから大きな発展が期待できる分野である．

本章では，あまり焦点が当てられてこなかった，低分子有機化合物からなるエサ由来の防御用毒をもった脊椎動物に関する知見を紹介する．

6.2 ヤドクガエル（両生類）のエサ由来毒素・アルカロイド

6.2.1 ヤドクガエル科のカエルとそのアルカロイド

ヤドクガエル科（Dendrobatidae）のカエル（以下，単にヤドクガエルと表記）は現在20属345種が知られる両生類の中でも大きな分類群であり，中南米の熱帯雨林や山地林に分布する（AmphibiaWeb）．多くのカエルは夜行性だが，ヤドクガエルの多くは昼行性であり，陸上で生活する．現在までに，鮮やかな体色とともに防御用毒素をもった種は12属（*Adelphobates*, *Ameerega*, *Andinobates*, *Colostethus*, *Dendrobates*, *Epipedobates*, *Excidobates*, *Hyloxalus*, *Minyobates*, *Oophaga*, *Phyllobates*, *Ranitomeya*）で約100種確認されている．これらの鮮やかな体色は，視覚で獲物を探す捕食者への警告色と考えられている．これら有毒種の主な捕食者としてはヘビやクモ，鳥類などが考えられるが，捕食例は逸話がほとんどであり，学術的報告は少ない．したがって，いくつかの捕食者はヤドクガエルの毒を克服している可能性があるもののこれらの化学防御は生態系の中で生存する上で有利であると考えられている（Santos et al., 2016; Saporito et al., 2012）．ヤドクガエルで見られる防御用化合物は様々な種類のアルカロイドである．背側皮膚にある顆粒腺が主なアルカロイドの貯蔵および放出を担うが，肝臓・筋肉・卵母細胞など他の組織にも微量に蓄積されている場合がある．「ヤドクガエル」という日本語の起源は，コロンビアにおいて，3種（ココエフキヤガエル *Phyllobates aurotaenia*，ビコロールフキヤガエル *P. bicolor*，モウドクフキヤガエル *P. terribilis*）が狩猟用の吹き矢毒に使われていた逸話にある．これら3種は，ステロイド性アルカロイドである猛毒のバトラコトキシン（batrachotoxin; BTX）類（図6.1）をもつ．

特にモウドクフキヤガエルは他2種に比べ約20倍量のBTXをもち，ヤドク

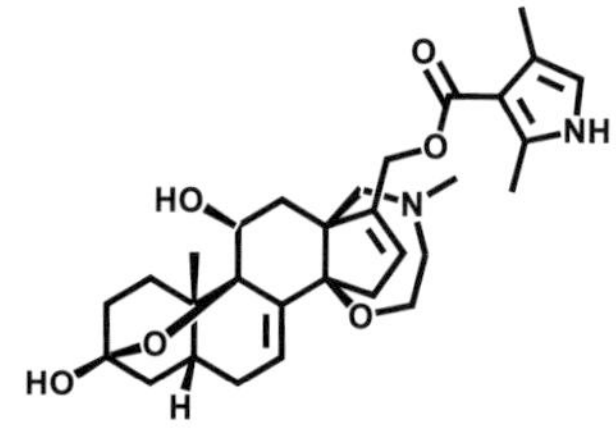

図6.1　モウドクフキヤガエル（左）とBTXの構造（右）

ガエル科の中で最も毒性が高いといわれている．BTX 類は，Na^+ の細胞内への流入を調節し，細胞内外における膜電位を制御する膜結合型酵素である電位依存性 Na^+ チャネル（生命活動に不可欠）を異常に活性化させる神経毒である．BTX の神経毒性は 1mg でネズミを 1 万匹，人間を 20 人死亡させるほど強く，天然毒素の中でも最強クラスである．モウドクフキヤガエルから BTX が同定（Tokuyama et al., 1969）されてから約 50 年間で，20 以上の化合物群で 500 種類以上のアルカロイドがヤドクガエルの皮膚から検出された．アルカロイドの数が多いため，これらの多くは分子量を表す数字と，同じ分子量のアルカロイドを区別するためのアルファベットによって名づけられている．ヤドクガエル科のアルカロイドの大部分は 5, 8- 置換インドリジン類，5, 6, 8- 置換インドリジン類，3, 5- 置換インドリジン類，3, 5- 置換ピロリジジン類，三環式類，ピペリジン類，プミリオトキシン（pumiliotoxin; PTX）類，2, 5- 置換デカヒドロキノリン（decahydroquinoline; DHQ）類，ヒストリオニコトキシン（histrionicotoxin; HTX）類で，これらで全アルカロイドの約 60％を占める．全アルカロイドのうち，約 30% は構造未知である（Saporito et al., 2012）．

研究初期の頃，研究者たちは多くのアルカロイドは経口摂取すると苦く，灼熱感や痺れを引き起こすと実際に確認し，ヤドクガエルのアルカロイドには致死的でないものも多いと提唱した．現在においても，毒性が低い化合物は少量でも多様な捕食者に不快感を与え，こうした忌避効果が被食のリスクを低下させると考えられている．苦みや不快感を与える化合物には，哺乳類に対する毒性が比較的低い HTX 類・DHQ 類・インドリジン類がある．一方で，これらの中には，ヤドクガエルに寄生する節足動物に対して高い毒性を示すものがある．また，抗細菌や抗真菌作用を示すものもある．したがって，これらアルカロイドは無脊椎動物や脊椎動物の潜在的捕食者，害をなす微生物や寄生虫に対して効果があると推定されている．これまでの分析例から，*Adelphobates*, *Andinobates*, *Dendrobates*, *Excidobates*, *Minyobates*, *Oophaga*, *Ranitomeya* の 7 属に含まれる多くの種は PTX 類（哺乳類に対する毒性が比較的高い）と HTX 類・DHQ 類・インドリジン類（毒性が低く不快感を与える）を主要なアルカロイドとしてもつ．これらの属の中でも *Oophaga* 属は，90％以上の種が PTX 類を主要なアルカロイドとしている．一方，*Phyllobates* 属は BTX 類，*Epipedobates* 属は PTX-251D やエピバチジン類を主成分とし，HTX 類・DHQ 類・インドリジン類などの毒性の低い化合物は比較的少ない．*Ameerega* 属では毒性の低い HTX

類とDHQ類が主成分となっている（Santos et al., 2016; Saporito et al., 2012）．ヤドクガエルには未だアルカロイドの分析が行われていない種が数多く存在する．さらに種間や個体間でその組成は多様なため，化合物によるヤドクガエルの分類は今後の研究によって変化する可能性がある．ヤドクガエルの中で化学防御に利用されるアルカロイドの構造や生理活性は非常に多様であり，これらの至近要因・生態学的要因は大変興味深い研究課題である．

□ 6.2.2 ヤドクガエルのアルカロイドの起源

ヤドクガエルがエサとするダニ，アリ，甲虫やヤスデといった節足動物から数多くのアルカロイドが同定され，カエルと同じアルカロイドが次々に発見されてきた．ヤドクガエルは日中絶え間なくエサを食べ，エサの縄張りを積極的に守る（Santos et al., 2016）．ヤドクガエルにおける，ダニやアリなどのアルカロイドをもつ節足動物への食性の特殊化とアルカロイドによる化学防御は，警告色をもつ少なくとも9つの系統（*Adelphobates, Ameerega, Andinobates, Dendrobates, Epipedobates, Excidobates, Minyobates, Oophaga, Ranitomeya*）で並行して進化してきた．さらに，野生のカエルをショウジョウバエなどのアルカロイドを含まないエサで飼育し続けると，アルカロイドの多様性や量が減少すること，実際に給餌したアルカロイドが皮膚に蓄積されるといった現象が *Adelphobates, Dendrobates, Epipedobates, Oophaga, Phyllobates* の5属の種々のカエルで報告された．こうした知見から，ヤドクガエルのもつほとんどのアルカロイドはエサの節足動物由来であると推定されている（図6.2，Santos et al., 2016 ; Saporito et al., 2012）．

ヤドクガエルが捕食する節足動物の種類は非常に多様であり，同じアルカロイドを別の節足動物がもつ場合もあるため，ヤドクガエルにおけるアルカロイドの量や多様性に主に寄与する節足動物の特定は1970年代からの約30年間，大きな課題であった．著者らは京都大学の土壌から採取したササラダニ類（Oribatidae）から偶然にもヤドクガエルの毒成分として知られているPTX-251Dを発見し，さらに関連論文から毒性が高いカエルほど多くのダニを食べていると気づいた．これらをもとに我々は「ヤドクガエルのアルカロイド蓄積において特に重要な役割をもつ節足動物はササラダニ類である」と提唱した（Takada et al., 2005）．この論文を皮切りに，ササラダニ類とアリ類のもつアルカロイドの調査が大規模に始まり，それらがもつアルカロイドの構造的特徴やカエルの胃

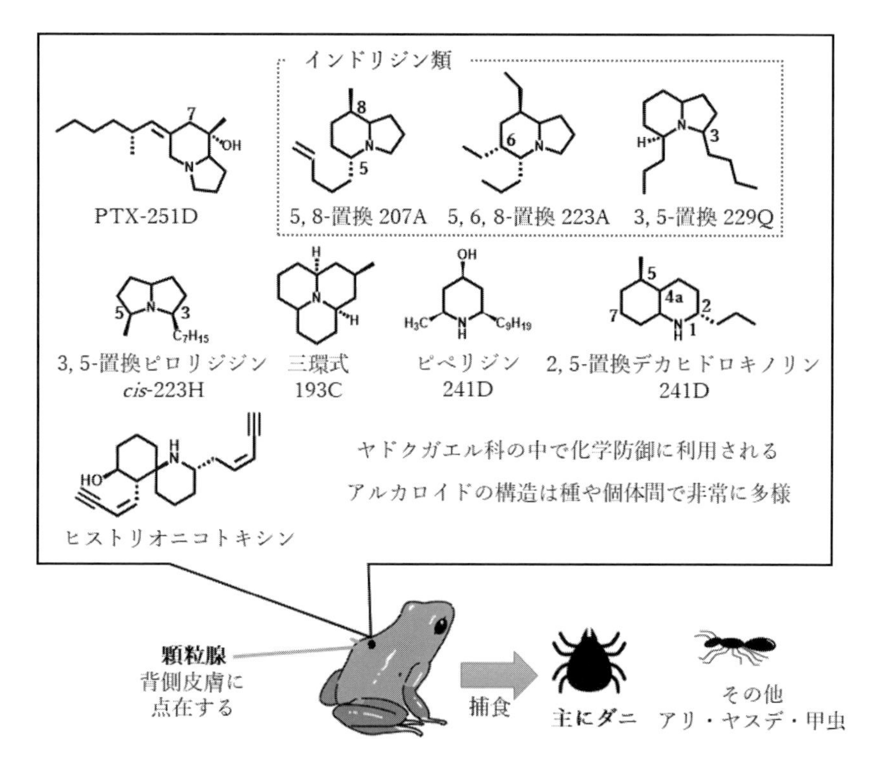

図 6.2 ヤドクガエル科で見られる代表的アルカロイドの構造

内容物から，現在ではヤドクガエルの多くの種におけるアルカロイドの量や多様性に主に寄与している節足動物はササラダニ類であると考えられている．その一方で，カエルから発見された500種類以上のアルカロイドのうち，節足動物から同定されたものは未だ10％未満である．今後さらにヤドクガエルのもつ様々なアルカロイドの起源を明らかにするべく，節足動物のアルカロイド分析や，カエルの詳細な食性調査が活発化していくだろう（Santos et al., 2016; Saporito et al., 2012）.

□ 6.2.3 ヤドクガエルにおけるアルカロイド耐性

ヤドクガエルは明らかに，毒を摂取し蓄積しながらも正常に生きており，自己毒性を回避する機構をもっていると推測される．ヤドクガエルで見られるアルカロイドの標的となる生体内分子に関する知見は非常に少ないが，BTX類やPTX-

251D のように，神経細胞や筋肉細胞の正常なイオンチャネルの機能を乱すものや，エピバチジンのように神経伝達物質と受容体の結合を阻害するものがある．アルカロイドは主にカエルの背側皮膚にある顆粒腺に貯蔵されるため，この隔離により自己毒性が軽減される可能性はあるが，全く検討されていない．ヤドクガエルにおける自己毒性回避機構に関する研究は数例しかないが，初めに最も有力視されてきた仮説は，受容体やイオンチャネルを構成するタンパク質の変異である．最も有名な例は，*Phyllobates* 属のカエルにおける BTX 類耐性に関する研究である．哺乳類と昆虫の骨格筋 Na^+ チャネルでは，BTX の結合部位またはその近傍のアミノ酸置換によって，BTX 耐性が生じると示された．また，*Phyllobates* 属の骨格筋 Na^+ チャネルでは，BTX 結合に関与する部位で，耐性のない種に比べていくつかの変異が見られた．これらの結果から，*Phyllobates* 属における BTX 類耐性には，Na^+ チャネルの変異が大きく寄与していると考えられていた．しかし，その後の研究でチャネルの変異だけでは BTX 類耐性を説明できないことが示唆され始めた（Márquez, 2021）．*Phyllobates* 属の各種に見られる骨格筋 Na^+ チャネルの変異の意義に関しては更なる検証が必要だが，最近，Abderemane-Ali et al.（2021）は，「Na^+ チャネルの変異による耐性」仮説を覆す証拠を発表した．彼らはモウドクフキヤガエル（*P. terrebilis*）と，BTX 類を蓄積しないアイゾメヤドクガエル（*Dendrobates tinctorius*）（PTX 類を主に蓄積）の骨格筋 Na^+ チャネルはどちらも BTX 類耐性を示さないことを明らかにした．さらに，これら 2 種の Na^+ チャネルのアミノ酸配列に，耐性を付与すると予想されていた変異を加えると，BTX 類耐性が付与されないだけでなく，チャネルの機能が著しく低下した．また，彼らは高濃度の BTX を筋肉注射しても，モウドクフキヤガエルが生存し，さらに，*Phyllobates* 属が蓄積しないアルカロイド，サキシトキシン（saxitoxin; STX）とテトロドトキシン（tetrodotoxin; TTX）（どちらも Na^+ チャネルに作用する）を注射しても問題なく生存することを明らかにした．意外なことに，BTX・TTX・STX 類を蓄積しないアイゾメヤドクガエルもこれらすべてに耐性があり，生存した．アルカロイドをもたないアフリカツメガエル（*Xenopus laevis*）はすべての毒素で死亡した．これらの結果から，アルカロイドをもつカエルでは，神経毒に対してより汎用性の高い耐性機構が進化した可能性が示唆された．

毒素の標的タンパク質の変異は，神経毒耐性の機構として考えやすい仮説だが，こうした変異は高度に微調整されたタンパク質の機能的に重要な領域を変え

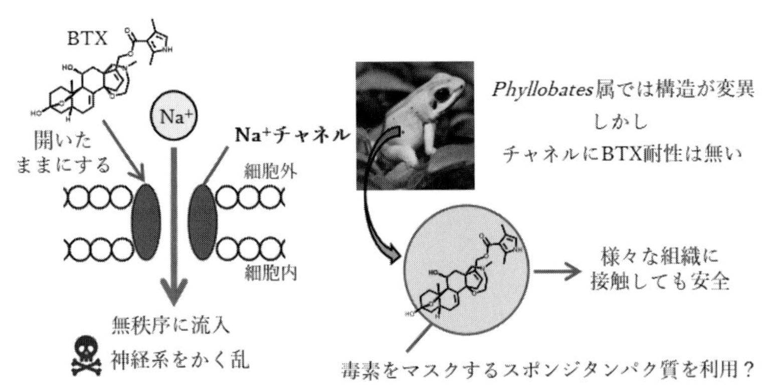

図 6.3 *Phyllobates* 属における毒素スポンジ仮説の概略

かねない．これは Abderemane-Ali et al.（2021）の結果からも明らかである．ヤドクガエルはアルカロイドをエサから摂取し皮膚顆粒腺に運ぶ．この過程で毒素は複数の組織（腸・肝臓・筋肉・皮膚など）と接触する．同様な働きをするイオンチャネルや受容体でも，各組織でこれらの構造は異なる場合が多い．また，ヤドクガエルのほとんどは数十種類のアルカロイドを蓄積しており，それらの標的タンパク質は多岐にわたる可能性が高い．したがって，各組織における種々のタンパク質すべてが機能を損なわず毒素と結合しないようにうまく変異している可能性は非常に低いと考えられる．では，ヤドクガエルにおける自己毒性回避機構は何か．可能性の高い第二の機構は，毒素と結合してマスクし，標的タンパク質との結合を防ぐような「毒素スポンジタンパク質」の利用である．実際にアメリカウシガエル（*Lithobates catesbeianus*）には，サキシフィリンというタンパク質がカエル体内で STX 類と結合し，Na^+ チャネルを守る機構がある（Márquez, 2021）．Abderemane-Ali et al.（2021）は，モウドクフキヤガエルの Na^+ チャネルが STX のみに暴露されると正常な機能を失うが，STX とサキシフィリンの両方の場合にはチャネルが正常に働くことを実証した．そして彼らはこれと同様の機構が，*Phyllobates* 属の BTX 類やその他アルカロイド耐性の根底にあると提唱した（図 6.3）．毒素スポンジタンパク質の探索は重要な今後の研究課題であり，防御用アルカロイドを蓄積する様々な生物の進化の理解に貢献するだろう．

□ 6.2.4 ヤドクガエルで見られる幼体への毒素供給

ヤドクガエルのもつ防御用アルカロイドの研究の多くは成体で行われてきた．

卵，オタマジャクシや変態後の幼体におけるアルカロイド分析が行われ始めたのは 2014 年ごろと新しい．ヤドクガエルは一年を通して繁殖するが，特に雨季に繁殖する．カエルでは珍しく，産卵は主に陸上の湿った林床や植物の葉の上で行われる．ヤドクガエルではほぼ普遍的に，親による子育て行動が見られる．具体的には陸上の卵塊を乾燥や敵から守ること，孵化したオタマジャクシを親が背中に乗せ，植物にできた水溜りの巣（ファイトテルマータ）に運ぶこと，雌親がオタマジャクシに，栄養として未受精卵を与えることなどが挙げられる（Santos et al., 2016）．雄親のみによる世話がよく知られているが，雌親のみによる世話や両親による世話も報告されている．イチゴヤドクガエル（*Oophaga pumilio*）では，雌親がオタマジャクシを巣に運び，再び卵塊の場所に戻るまでの間，雄親が林床の受精卵を守る．雌親はすべてのオタマジャクシを巣へ運んだ後，1–5 日おきにその巣を訪れ，約 6 週間オタマジャクシに未受精卵をエサとして与える．Stynoski et al.（2014）はこの現象に着目し，野生下で雌親が作る未受精卵や，それを食べて育ったゴスナーステージ 34（鰓蓋完成期)–45（変態完了）（Gosner, 1960）のオタマジャクシ（または変態直後の幼体）にアルカロイドが蓄積していることを示した．さらに，より多くの卵を食べたオタマジャクシはより多くのアルカロイドを蓄積すると示唆した．これらの結果から，彼らは雌親が未受精卵にアルカロイドを蓄積させ，それをオタマジャクシに給餌することでアルカロイドを子孫へ供給すると結論した．また，彼らはイチゴヤドクガエルの受精卵と，自発的な運動・摂食をせず，顆粒腺も見られないステージ 25（鰓芽初期；まだオタマジャクシの形になっていない）にはアルカロイドが蓄積されていないことも明らかにした．雌親はある程度様々な組織が発達した段階で，子どもに栄養とアルカロイドを含む未受精卵を与えるようである．この報告から 5 年後，Saporito et al.（2019）は，野生下のイチゴヤドクガエルでは見られない，DHQ の無置換体（野生下では基本的に 2 置換体）をまぶしたショウジョウバエのみを親に与えて繁殖させる室内実験を行った．そして，雌親とその未受精卵，それを食べて育ったオタマジャクシに DHQ が蓄積し，オタマジャクシの体重および発育段階と DHQ 量との間に正の相関があることを明らかにした．また，ステージ 30（外鰓完成期後期；自発的な運動が見られる）でアルカロイドを確認し，彼らは顆粒腺の発達がこの時期であることを示唆した．さらに，ステージ 41（後ろ足完成）以降で DHQ 量が大幅に増加することを示し，顆粒腺の成熟によってアルカロイドの蓄積効率が大きく上昇することを示唆した（図 6.4）．

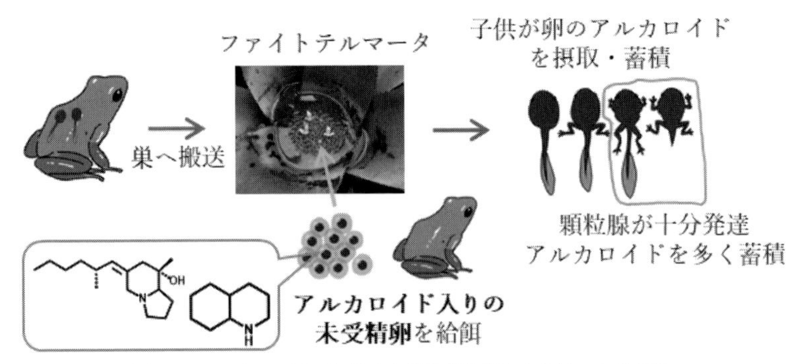

図 6.4 *Oophaga* 属における未受精卵給餌による子への毒供給

Oophaga 属の 9 種はすべて，雌親がオタマジャクシへ未受精卵を給餌する．最近，イチゴヤドクガエルと同じ *Oophaga* 属の 2 種（*O. sylvatica*, *O. granulifera*）において，同様の機構による子孫へのアルカロイド供給が実証された（Villanueva et al., 2022）．興味深いことに，彼女らは *Oophaga* 属と同じヤドクガエル科で，オタマジャクシへの未受精卵の給餌が報告されているイミテーターヤドクガエル（*Ranitomeya imitator*）とバリアビリスヤドクガエル（*R. variabilis*）では，雌親がアルカロイドを蓄積していても，未受精卵・受精卵・オタマジャクシにはアルカロイドが蓄積されていないことを明らかにした．ヤドクガエル科における子孫へのアルカロイド供給に関する知見は未だ少ないが，今のところ子孫へアルカロイドを供給する系統は，特に卵食性の強い *Oophaga* 属に限られると考えられている．

本項ではヤドクガエル科のカエルについて扱ってきたが，エサの節足動物からアルカロイドを摂取し，蓄積するカエルはその他の科にも多く存在する．こうしたいわゆる毒ガエル（poison frog）の研究は，種の多様性や毒素となるアルカロイドの多様性，そして鮮やかな警告色で研究者たちを魅了し，エサ由来の毒素を蓄積する脊椎動物の中でも群を抜いて盛んに行われている．その一方で，現在までに詳しく研究されてきた種はほんの一握りであり，まだまだ新しい発見が期待できるホットな分野である．本書をきっかけに，こうした毒ガエルの化学生態学的研究について学ぶ学生が少しでも増えれば幸いである．

6.3 コモンガータースネークの毒素・テトロドトキシン類

「ガータースネーク」は，有鱗目ユウダ科ガータースネーク属（*Thamnophis*）に含まれるヘビの通称である．これらの種の分類については意見が分かれ，一概に全種数を述べることは難しいが，40 種程度存在する．種ごとに分布域が異なるものの，すべてカナダの中南部やアメリカ合衆国，メキシコを含む北アメリカおよび中央アメリカに生息する．一般的に，これらのヘビは大きな丸い目，細身の体格をもつが，種間および種内における模様や色彩の変異が非常に多様である．ガータースネーク属における食性は種間や，同種内でも地域で様々だが，両生類（カエル，そのオタマジャクシや卵，サンショウウオ，イモリ），魚，小型の哺乳類や鳥類，トカゲ，ナメクジ，ミミズ，ヒルなどがエサとして報告されている（The Reptile Database）．このように，比較的広い食性が見られるガータースネーク属の中でも特異な食性をもつ種として，現在までにコモンガータースネーク（*Th. sirtalis*），アクアティックガータースネーク（*Th. atratus*），シエラガータースネーク（*Th. couchii*）の 3 種が知られている．これらは北米西部に分布し，同所的に生息するカリフォルニアイモリ属（*Taricha*）の猛毒イモリを捕食する．カリフォルニアイモリ属は現在 4 種（サメハダイモリ；*Ta. granulosa*，カリフォルニアイモリ；*Ta. torosa*，シエライモリ；*Ta. sierrae*，カリフォルニアアカハライモリ；*Ta. rivularis*）からなり，そのすべてが強力な神経毒素である TTX を主に皮膚にもつ．TTX は神経伝達に不可欠な電位依存性 Na^+ チャネルを阻害する猛毒である（図 6.5）．これらイモリが皮膚に蓄積する TTX の量には大きな個体差があり，蓄積が確認できない個体から 30 mg もの量（人間を約 20 人死亡させる程）をもつ個体まで存在する．日本でよく見られるアカハライモリ（*Cynops pyrrhogaster*）をはじめ，イモリの多くで TTX は報告されているが，カリフォルニアイモリ属の蓄積量は他の系統と比べても多い．特にサメハダイモリがイモリの中では最強の毒性をもつといわれている．この毒性のため，カリフォルニアイモリ属の捕食例は先に述べたガータースネーク属 3 種によるもの以外ほぼない．これらのイモリの捕食を試みた鳥類の観察例では，鳥はすべて死亡している（AmphibiaWeb; Gall et al., 2022; Stokes et al., 2011）．イモリにおける TTX の起源を解明する試みは，1964 年にタリカトキシンと呼称されていたカリフォルニアイモリの毒が TTX と同一であると報告

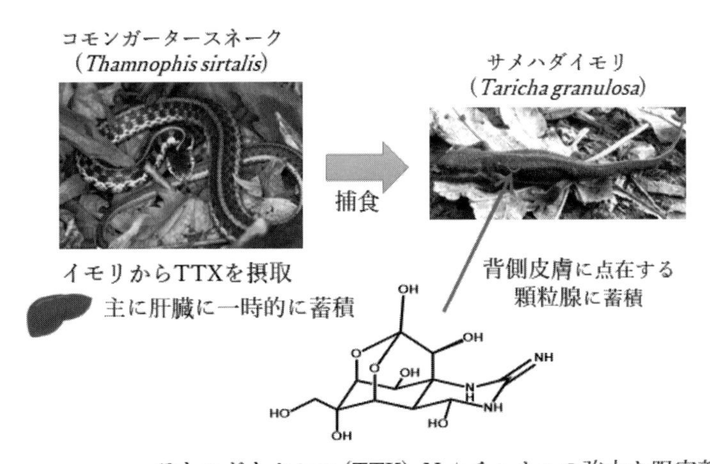

図 6.5　コモンガータースネーク（胴体を広げ威嚇している様子）が蓄積するサメハダイモリ由来のTTX

(Mosher et al., 1964) されて以来約60年にわたって行われてきたが，未だ論争が絶えない．TTXは元々フグ毒として単離され，構造解析や全合成で多くの日本人研究者が貢献してきた．有毒フグはTTXをヒトデ，小型巻貝，カニやヒラムシなどの有毒エサから摂取・蓄積する．さらにこれらエサ生物のTTXの起源が海洋微生物であることを示した報告も多い．すなわち，フグのTTX起源は外因性であり，細菌から上位の生物に移行するに従って生物濃縮されたTTXを蓄積する（荒川，2017）．一方で，イモリのTTXの起源は内因性か外因性か長らく議論されている．内因性を支持するデータとして，TTXを全く与えない条件下で卵から育てたサメハダイモリの皮膚におけるTTX量が時間とともに上昇した報告や，一度TTXを分泌した個体が，飼育下で急速にTTXの量を回復させた報告などがある（これらの報告では共生微生物によるTTX産生を否定できていない）．一方，東北大学の山下らは，研究室で卵から孵化させTTXを全く与えない条件下で飼育したアカハライモリには，TTXやその類縁体が全く蓄積しないことを確かめた．また，TTXをもたない無毒イモリにTTXやその類縁体を経口投与すると，それらが皮膚などの身体組織に蓄積することも明らかにした．2020年にはサメハダイモリからTTX産生能を有する微生物が報告された．これらを俯瞰すると毒は外因性と思われるが，サメハダイモリとアカハライモリは系統的にも地理的にも離れているため，前者のTTXが内因性で後者が外因性である可能性も捨てきれない．TTX の起源については更なる検証が待たれる（工藤と山下，2022）．

過去 20 年間で，先に述べたガータースネーク属 3 種とカリフォルニアイモリ属の関係に注目が集まり，TTX の標的となる電位依存性 Na^{+} チャネルの重要な変異が同定されてきた．そして，これらの TTX 耐性に大きく寄与する要因は電位依存性 Na^{+} チャネル遺伝子の変異であると結論されている．特に研究されてきた例はコモンガータースネークとサメハダイモリの関係である．イモリが TTX を豊富に蓄積している地域のヘビの耐性は高く，イモリが TTX を少量蓄積，もしくは蓄積していない地域のヘビの耐性は低いもしくはないことが明らかになっている．これは，捕食者-被食者間で「毒性と耐性の軍拡競争」が起こっていることを示しており，進化生物学・生態学的に非常に興味深い事例である．重要なことは，高い耐性をもつコモンガータースネークでさえ，TTX の影響をある程度受けることである．高い耐性をもつ個体でも高濃度の TTX を摂取すると数時間運動能力が低下する．これによって捕食者の鳥類や哺乳類から逃げる能力が一時的に損なわれると推測されている．猛毒イモリをエサとすることは他種動物との資源競争を避ける点では有益だが，一見すると生存上不利にも見える．コモンガータースネークは単にイモリを食べられるだけでなく，その TTX を主に肝臓に一時的に蓄積する（腎臓にも蓄積するが，その他の組織で検出されたことはない）（図 6.5）．さらに，高い耐性をもつ地域のヘビは警告色を有している場合が多く，襲われた際にじっとする，あるいは胴体を広げて威嚇する傾向にある．また，コモンガータースネークと同所的に生息する鳥類の中にはヘビの肝臓を好んで食べる種が確認されている．こうした知見から，本種は猛毒イモリから摂取した TTX を肝臓に蓄積し，捕食者に対する化学防御に利用しており，これによってイモリ捕食後の運動能力低下による不利が相殺されていると考えられている．耐性の高いコモンガータースネークの個体群では，運動能力は比較的早く数時間で復帰し，ヘビの肝臓や腎臓内の TTX 量は数週間から数ヶ月かけて徐々に低下する．本種が TTX を積極的に肝臓へ蓄積するのか，TTX の体外への排出を遅らせているのか，あるいは単に代謝が遅く，蓄積してしまっているだけなのかは不明である．いずれにせよ，本種において TTX が捕食者への化学防御として機能している可能性は高いため，現象自体は単純だが，エサ由来防御毒の一例といえる．その他の動物（昆虫類を含む）のエサ由来防御毒の蓄積例と比較しても，コモンガータースネークにおける例は単純で原始的であり，エサ由来毒の蓄積とその防御利用の最も初期段階にある生物と考えられている（Savitzky et al., 2012）．その他2種のガータースネークが臓器へTTXを蓄積するか否かは検証されていないが，耐性機構が進化しているため，蓄積する可能性は非常に高い．

6.4　ヤマカガシの毒素・ブファジエノライド類

□ 6.4.1 日本のヘビ，ヤマカガシとブファジエノライド類

ヤマカガシは有鱗目ユウダ科ヤマカガシ属（*Rhabdophis*）に分類され，日本の本州・四国・九州の山林や水田域でよく見られるヘビである．ヤマカガシの体色は地理的変異が大きいため，他のヘビとの判別は難しい．主にトノサマガエルやアマガエルといったカエル類，ドジョウを含む淡水魚や，時々ヒキガエルも捕食する．サシバやノスリなどの猛禽類がヤマカガシの主な捕食者であり，哺乳類による捕食例は少ない．ヤマカガシは上顎の奥にデュベルノワ腺という器官をもち，捕食用のタンパク質・ペプチドからなる毒を生合成・蓄積している．この捕食用の毒は後牙を経由して獲物に注入され，エサを弱らせるために使用されると考えられている．この毒は人間にとって猛毒であり，ヤマカガシは日本において特定動物に指定されている．ヤマカガシには牙毒だけでなく，別の毒の蓄積器官，「頸腺」がある．ヤマカガシの頸部背面には隆起が見られ，この部分の皮膚をはがしてその裏側を見ると，2列に並んだ袋状の器官がはりついている．これが頸腺である．頸腺は外圧によって容易に破れ，毒液が飛散する．実際に人間がヤマカガシの捕獲や駆除を試みた際に，飛び散った毒液が目に入り，炎症や一時的な失明が起こった例がいくつもある．野生下では猛禽類にくちばしで頸部を攻撃されたり，足で頸部をつかまれた際，頸腺が破れ毒液が飛び散ると推定される（Mori et al., 2012）．Akizawa et al.（1985）によってヤマカガシの頸腺に含まれる毒性化合物の正体はブファジエノライド類（bufadienolide, BD類）であると報告された（図6.6）．BD類は強心性ステロイドに大別される有機化合物群であり，名前の由来からわかるように，最初にヒキガエル（*Bufo*属）から同定された．ステロイド骨格のC-17位にある6員環の不飽和ラクトン（ピロン環）により，他の強心性ステロイドと区別される．C-17位に5員環の不飽和ラクトンをもつ類縁体はカルデノライドと呼ばれ，これらはジギタリス（ゴマノハグサ科）などの植物に含まれる．BD類を含むこれら強心性ステロイドは，Na^+/K^+-ATPase（NKA）の機能を阻害する．動物においてNKAは全身の細胞に存在し，

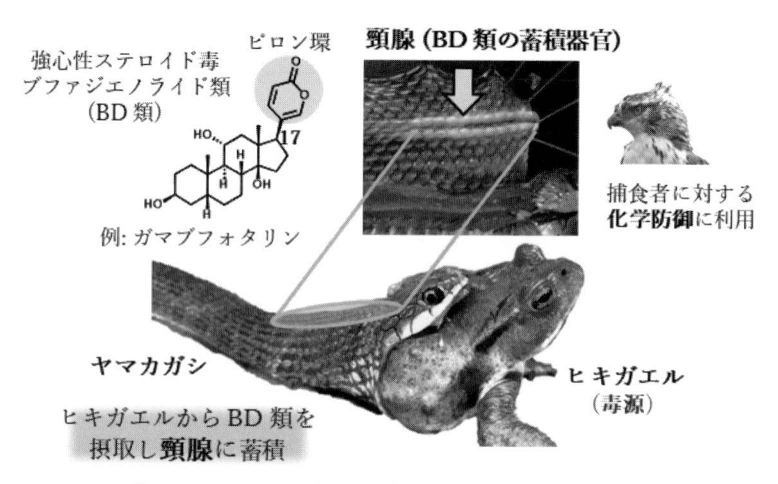

図 6.6 ヤマカガシが頸腺に蓄積するヒキガエル由来の BD 類

細胞内外の Na^+ と K^+ の濃度勾配を維持することで多くの生理機能を担う生命活動に不可欠な膜結合型酵素である．この酵素の阻害により，最終的に心筋の収縮力が増大して心臓発作が起こるため，BD 類は多くの脊椎動物に対する強力な毒となる．両生類をエサとする動物の中で，ヒキガエルを捕食する動物は少ない (Mohammadi et al., 2016)．このような強力な毒をもつヒキガエルをヤマカガシは捕食する．ヒキガエルを食べること，BD 類が頸腺に蓄積していたことから，森とその研究チームは 1990 年代後半から，ヤマカガシの頸腺の BD 類はヒキガエルに由来するとの仮説を立て，研究を重ねた．そして，ヒキガエルが分布しない金華山（宮城県牡鹿半島沖）に生息するヤマカガシの頸腺には BD 類がないこと，飼育下でのヒキガエル給餌により頸腺に BD 類が蓄積することを確認し，頸腺における BD 類の由来がヒキガエルであると実証した (Hutchinson et al., 2012)．

ヤマカガシの雌は受精卵を複数個産み，それらが孵化して子ヘビが誕生する．成熟した雌の多くは秋（9 月–10 月）に交尾し，貯精して冬を越した後翌年の 5 月–7 月上旬の間，妊娠（受精卵をもつ）している．Hutchinson et al. (2012) は，BD 類を頸腺にもつヤマカガシの妊娠雌が，卵黄へ BD 類を蓄積させ，子ヘビに BD 類を供給することを示した．受精卵にエサ由来の毒素を蓄積し孵化した子まで与える脊椎動物の例は今のところヤマカガシのみである．また，Kojima and Mori (2015) は 5 月–7 月上旬における妊娠した雌のヤマカガシでは非妊娠時に比べヒキガエルへの嗜好性が高いこと，妊娠雌がヒキガエルを積極的に探索し捕食する一方，雄には行動の季節変化がないことを実証した．雌におけるこうした行動の変化は，子孫へより多くのBD類を供給するためと考えられる．さらに著者らは，妊娠中の雌が自身の化学防御力低下のリスクを伴いながら，頸腺にすでに貯蔵されているBD類を卵黄へ供給していることを示唆した（Inoue et al., 2023）（図6.7）．現在，頸腺を介さない卵黄へのBD類蓄積経路の有無を確認中である．孵化した子ヘビは8月末頃に野生に現れるが，すぐにはヒキガエルを食べられない可能性が高い．日本のヒキガエルは春に変態し，幼体が陸上に出現する．そのため，孵化直後の子ヘビが食べるにはすでにヒキガエルは大きくなりすぎている可能性がある．この場合，子ヘビは捕食可能なヒキガエル幼体が出現する翌年の春までBD類を摂取できない．したがって，子ヘビがヒキガエルを捕食可能になるまでの化学防御として，母ヘビからのBD類供給は重要であると考えられる．

ヤマカガシはさらに，独特な対捕食者行動も獲得した．森らは，頸腺がないヘ

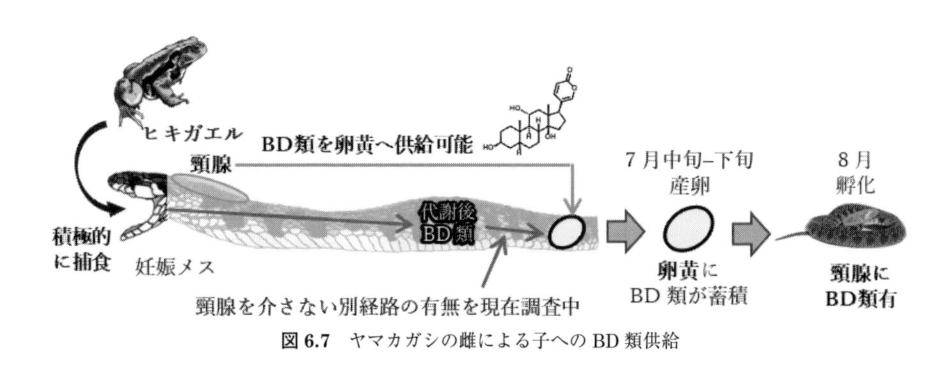

図6.7 ヤマカガシの雌による子へのBD類供給

図6.8 ヤマカガシに特徴的な頸腺アピール行動
a）ネックアーチ（首を急角度に曲げる），b）ネックフラット（頸部を広げ，敵に対して背向姿勢をとる）．

ビには見られない特異な頸腺アピール行動をヤマカガシが示すことを明らかにした（図 6.8）．この行動は，敵に対して頸腺に注意を向けさせるものと考えられ，頸腺が傷つくと毒液が噴出することから，頸腺アピール行動には BD 類による捕食者への抑止効果を高める機能があると結論された（Mori et al., 2012）．孵化直後の子ヘビでもアピール行動をとるため，頸腺アピール行動は生得的なものである．さらに森らは，ヤマカガシが自身の頸腺における BD 類の有無を何らかの方法で認識している可能性が高いことを行動実験により示した（Mori and Burghardt, 2017）．これまで述べてきたように，頸腺が捕食者に対する防御用器官であることは明らかだが，自然下において頸腺アピール行動や頸腺毒液自体にどれほど捕食者への抑止効果があるかは不明である．著者らは実際に頸腺が損傷している野生個体を数例確認しているが，ヘビと捕食者の相互作用を野外で直接観察した例はほぼない．今後，実際の相互作用を明らかにするには，捕食者との遭遇試験や，鳥類・哺乳類に対する毒性試験が必要である．

□ 6.4.2 ヤマカガシにおける BD 類への耐性，BD 類の変換・蓄積

ヤマカガシはヒキガエルのもつ BD 類に対して明らかに耐性を獲得している．重要な点は，ガータースネークと異なりヒキガエル捕食後のヤマカガシには運動能力の低下や明らかな中毒症状が確認されないことである（Mori et al., 2012）．長期的に見て何らかの生理的負荷が生じている可能性もあるが，この検証は今後の課題である．Mohammadi et al.（2016）は，ヤマカガシの NKA に BD 類耐性があり，その耐性には NKA に生じた 2 つのアミノ酸置換が寄与していると示唆した．一方で，彼女らはこのタンパク質の変異は BD 類の摂取をある程度可能にするきっかけに過ぎず，ヤマカガシのように体内に BD 類を蓄積する特殊な機構をもつ種には，遺伝子変異以外の何らかの耐性機構も存在すると示唆している．

Hutchinson et al.（2012）の室内給餌実験によって，ヤマカガシにはヒキガエルから摂取した BD 類を化学変換する能力があると示された．しかし，この実験では海外のヒキガエルから単離された BD 類をヤマカガシに与えていたため，日本の自然条件下で実際にヤマカガシがヒキガエルから摂取した BD 類をどの程度化学変換しているかは不明であった．著者らは，ヤマカガシの分布域に生息する日本産ヒキガエル 3 種・亜種（図 6.9）とヤマカガシが蓄積する BD 類の組成を全国規模で調査した．そして，ヤマカガシが自然条件下でヒキガエルから摂取

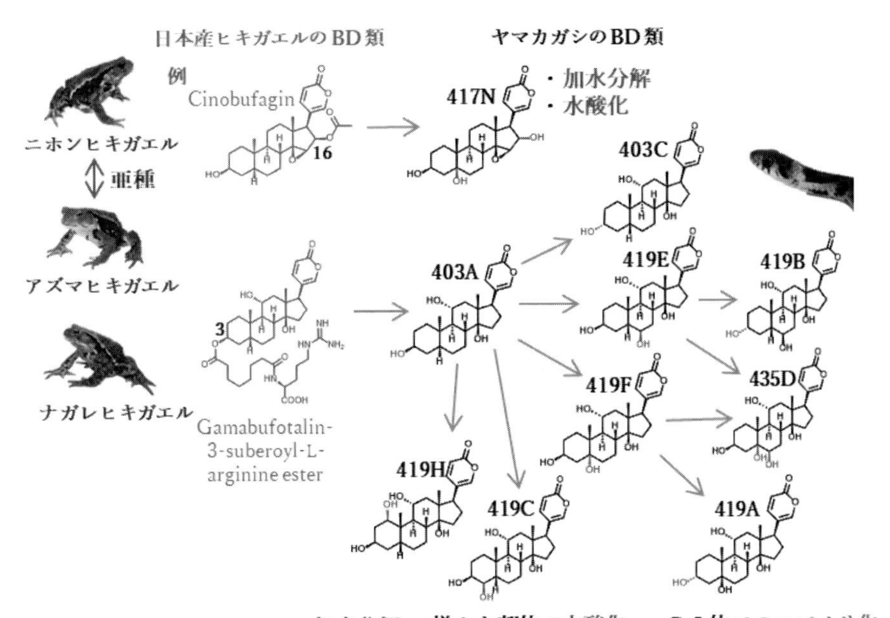

図 6.9　ヤマカガシにおける BD 類の化学変換反応の例

したBD類を化学変換していることを示し，その変換には，ヒキガエルのBD類で特徴的に見られるC-3位のジカルボン酸とアミノ酸からなる側鎖やC-16位のアセチル基の加水分解，ステロイド骨格の種々の部位における水酸化や，C-3位水酸基のエピメリ化があると明らかにした（図 6.9）（Inoue et al., 2021）．エサ由来毒素を蓄積する動物において，ヤマカガシほど多様に化学変換する種は発見されていない．ヤドクガエルではPTX-251DをアロPTX-267Aに水酸化する一例のみが知られている（Saporito et al., 2012）．ヤマカガシは他の動物には見られない，エサ由来毒素の高度な化学変換能力を獲得した点で特徴的である．ヤマカガシにおける化学変換能力の詳細な機構や，その意義の解明によって，エサ由来毒の防御利用の進化に関して重要な洞察が得られると期待できる．ヤマカガシの形態や行動，BD類に関する研究が進む一方で，頸腺へのBD類蓄積機構に関しては全く知見がない．頸腺周辺には毛細血管が密集しているため，BD類が血液に乗って頸腺まで輸送される可能性が高い（Mori et al., 2012）．エサ由来毒素の蓄積機構に関しては，昆虫類でいくつか例があるが，脊椎動物での報告は全くない．ヤマカガシにおける頸腺へのBD類蓄積機構に関する知見は，エサ由来毒素を蓄積する能力の進化を考察する上で非常に有用な情報となるはずであり，今後の重要課題である．

□ 6.4.3 海外のヤマカガシ属ヘビ

現在，ヤマカガシ同様の頸腺やそれに類似した器官をもつヘビはヤマカガシ属約 20 種（日本のヤマカガシを含む）で知られ，アジア地域にのみ分布する（Mori et al., 2016; Takeuchi et al., 2018; Zhu et al., 2020）．そのうちの一種イツウロコヤマカガシ（*Rhabdophis pentasupralabialis*）は中国南西部に分布するヘビで，その主食はカエルではなくミミズである．系統解析により，ヤマカガシ属の一部の種では主食がカエルからミミズへ変遷したと推測されている（Takeuchi et al., 2018）．イツウロコヤマカガシにはヒキガエルの捕食例がないことから，頸腺に含まれる毒素の正体は不明であった．筆者らはイツウロコヤマカガシの頸腺から BD 類 4 種を単離・精製し，その構造の詳細を調べた．その結果，4 種すべてステロイド骨格の A/B 環が *trans* 結合であり，そのうち 1 つはキシロースと結合した配糖体であった（図 6.10）（Yoshida et al., 2020）（〈注記〉その後，イツウロコヤマカガシは隠蔽種を含むことが報告され，ここで述べたイツウロコヤマカガシは現在ではチフンヤマカガシ（*R. chiwen*）に相当する（Piao et al., 2020））．これまでに様々なヒキガエルから報告された BD 類，そして日本のヤ

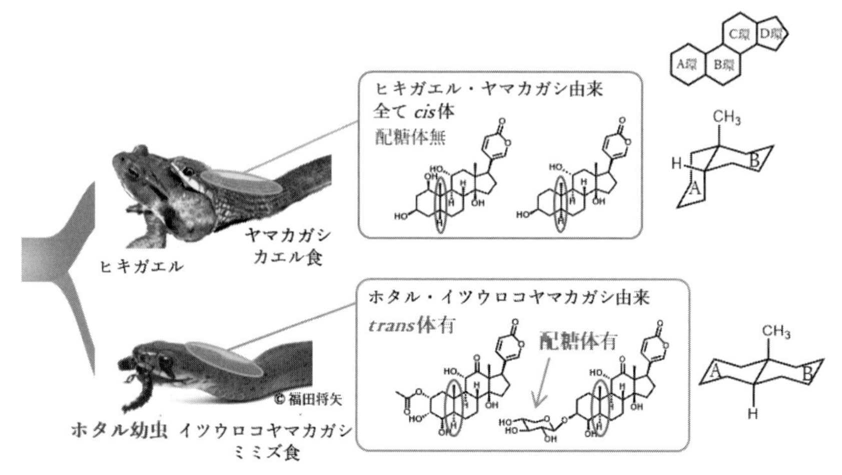

図 6.10　ヤマカガシとイツウロコヤマカガシにおける主食の変化に伴う BD 類の摂取源と構造の変化

マカガシから報告されたBD類のすべては，A/B環が*cis*結合であり，配糖体は1つもない．イツウロコヤマカガシの主食であるミミズからBD類が検出されないため，様々な論文を確認したところ，ヒキガエルだけでなくマドボタル亜科（Lampyrinae）に属するホタルからもBD類が同定されており，そのA/B環には*cis*結合だけでなく*trans*結合もあった．さらに，マドボタル亜科に属する*Lucidota atra*からはC-3位のキシロース配糖体が報告されていた．この化学的な知見を得た後，飼育下においてイツウロコヤマカガシがマドボタル亜科の1種を自発的に捕食することを確認し，さらに野外で採集した個体の胃内容物からマドボタル亜科ホタルを確認した．同時に，中国に生息するマドボタル亜科2種がBD類をもち，そのうち1種から検出された2成分が，イツウロコヤマカガシが蓄積する2種の成分と同一であることを確認した．以上より著者らは，進化の過程でヤマカガシ属ヘビでは何らかの理由によってカエル食からミミズ食への食性変化が起こり，それに伴って毒源がヒキガエルからマドボタル亜科ホタルにシフトしたと結論した（Yoshida et al., 2020）（図6.10）．本研究をきっかけとして動物の化学生態学研究および動物の食性進化の研究に新たな視点を提供できたと考えている．今後も本研究分野を発展させ，この毒源移行メカニズムや，その他のヤマカガシ属ヘビに関する研究も進める予定である．

6.5　鳥類のエサ由来毒素・バトラコトキシン類

皆さんは毒鳥が存在することをご存じだろうか．昆虫類，カエルやヘビといった外温動物では，有毒種の存在は古くからよく知られていたが，内温動物である鳥類に関しては全く知られていなかった．Dumbacher et al.（1992）はニューギニアの「ピトフーイ」と総称される鳥類全6種のうち，ズグロモリモズ（*Pitohui dichrous*），カワリモリモズ（*Pitohui kirhocephalus*），サビイロモリモズ（*Pseudorectes ferrugineus*）の羽毛と皮膚から，モウドクフキヤガエルがもつバトラコトキシン（BTX）と非常に類似した構造をした猛毒・ホモBTXを発見した（図6.11）．現在までに，ピトフーイからさらに2種，クロモリモズ（*Melanorectes nigrescens*）とカンムリモリモズ（*Ornorectes cristatus*）の羽毛や皮膚から（残り1種からは確認されず），さらにズアオチメドリ（*Ifrita kowaldi*），チャイロモズツグミ（*Colluricincla megarhyncha*），キエリモズヒタキ（*Pachycephala schlegelii*）や，アカエリモズヒタキ（*Aleadryas rufinucha*）

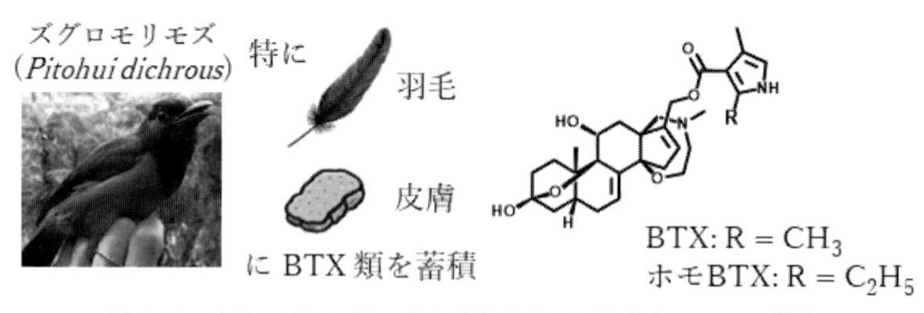

図 6.11　ズグロモリモズと，特に毒性が高い BTX とホモ BTX の構造

の羽毛や皮膚からも BTX 類が見つかっている (Dumbacher et al., 2008; Bodawatta et al., 2023). 種や個体，地域で BTX 類の量に大きな差があること，ピトフーイ類やズアオチメドリが節足動物を捕食し，そのエサの１つであるジョウカイモドキ科 (Melyridae) 昆虫から BTX 類が確認されたことから，毒鳥における BTX 類はエサ由来と考えられている. これら毒鳥が BTX 類をもつ昆虫を利用し，毒素を直接羽毛や皮膚に塗布している可能性も考えられていたが，ズグロモリモズで，心臓，肝臓や筋肉からも BTX 類が検出されたため，その可能性は低い (Dumbacher et al., 2009; Yeung et al., 2022). 最もよく研究されているズグロモリモズでは，BTX 類が特に蓄積されている組織は胸・背中の皮膚と羽毛であると定量的にわかっており，他の数種においても定性的だが同様の傾向が見られている. 多くの鳥類では，皮膚最表面にある角層細胞の下の細胞層に，水分と脂質成分を貯蔵する小胞 (多顆粒体) がある. 非ストレス下で多顆粒体は形成されては壊れ，中の脂質が細胞の隙間を通って表面までにじみ出ていく. 一方，乾燥などで表皮がストレスを受けると多顆粒体は細胞内膜と融合し，細胞と細胞の隙間に油分と水分が交互に合わさったシート状の構造 (ラメラ構造) を形成し，外的刺激をバリアする役割を担う. ズグロモリモズで BTX 類がこの多顆粒体に蓄積されていると明らかになり，脂質あるいはラメラ構造とともに細胞外へ出ることで羽毛へ伝わると推定されている. つまり，これら毒鳥ではヤマカガシのようなエサ由来毒素の蓄積に特化した器官ではなく，鳥類で広く見られる皮膚構造がそのままエサ由来毒素用に利用されていると考えられている (Dumbacher et al., 2009; Menon and Dambacher, 2014).

毒鳥から発見された BTX 類 6 化合物のうち，BTX とホモ BTX が様々な脊椎動物や無脊椎動物に対して高い生理活性を示すことと，毒鳥における BTX 類の主な蓄積場所に基づき，化学防御の対象となる敵が推定されている. 鳥類には外部寄生虫（シラミ・ダニ・シラミバエなど）や捕食者（ヘビ・猛禽類・樹上性哺乳類・人間）といった敵が存在する．BTX類が防御として機能するには，敵がこれら毒素と接触しやすい組織に毒素を配置する必要がある．その最も適切な部位が鳥の外側，主に皮膚と羽である．これらは外部寄生虫の生息部位であり，捕食者が最初に接触する部位でもある．野外においてBTX類をもつピトフーイでは，近縁の無毒鳥類よりもいくつかの外部寄生虫の発生率が低いと示唆されている．また，BTXが数種のヘビに忌避効果があること，人間がBTX類を含むピトフーイの標本や生体を扱う際，角質や細かな羽毛によって鼻や口腔組織が刺激され，毒量によっては重度のアレルギー様症状が起こることが知られている．鳥類を狩り，食用とするニューギニアの原住民はピトフーイが苦く酸っぱい味がすると知っており，食用として避けてきた事実もある．したがって，毒鳥におけるBTX類は，捕食者となる他の哺乳類や鳥類にも十分な忌避効果をもつと考えられる（Dumbacher et al., 2009; Yeung et al., 2022）．

*Phyllobates*属のカエル同様，毒鳥はBTX類への耐性機構をもつはずである．量的観点から最も毒性が高いと考えられているズグロモリモズのBTXの体内濃度は数μg/g（体重）であり，モウドクフキヤガエルの1/100にも満たない．しかし，BTXやホモBTXの毒性は，数μgで10匹以上のマウスを殺傷するほど高いため，鳥に耐性機構がないとは考えづらい．この，毒鳥におけるBTX類耐性機構に関しては*Phyllobates*属のカエルと同様の議論が起こっている．Abderemane-Ali et al.（2021）は，カワリモリモズ（正確にはカワリモリモズから最近分かれた*Pi. uropygialis*）の骨格筋Na^+チャネルにBTX耐性がないことを示し，毒鳥におけるBTX類耐性機構として毒素スポンジ仮説を唱えた（6.2.3項参照）．この報告から2年後，Bodawatta et al.（2023）はBTX類を蓄積している毒鳥5種の骨格筋Na^+チャネルにおいて，近縁の無毒鳥と比べいくつかのアミノ酸変異が生じていると示し，BTX類耐性にNa^+チャネルの変異が関わっている可能性を示唆した．一方で，彼らはチャネルの変異だけでは説明できないことも同時に示し，毒鳥のBTX類耐性にはスポンジタンパク質，あるいは別の機構が存在すると示唆した．

動物自体の扱いにくさ，保全や動物倫理の関係上，ヤドクガエルやヘビ類に比べ毒鳥の化学生態学的知見は未だ少ない．毒鳥における本研究分野の発展は進化学的に非常に重要な課題であるが，長い年月がかかりそうである．

本章では，カエル類・ヘビ類・鳥類のエサ由来毒素を蓄積する代表例について解説した．約40年でエサ由来毒素の蓄積が確認された脊椎動物の事例は劇的に増加している．ここで述べた動物がエサ由来毒素をもつ種のすべてではない．特に両生類では，その他のカエル類にもエサ由来毒素を蓄積する種や，その可能性をもつ種は多く存在し，イモリやサンショウウオのように，毒素はあるが研究が進展していない種も多く存在する．また，有毒なエサを食べるその他の脊椎動物は両生類，爬虫類，鳥類はもちろん哺乳類にも存在する．これらの動物はすべて，エサ由来毒素を蓄積している可能性をもつ．人間も生態系の一部であり，天然毒素に接触，あるいは利用することもある一動物である．脊椎動物と天然毒素を扱った化学生態学的研究には，野外での動物の生態や，行動・形態に加え，天然物化学の専門知識という2つの重要な柱を合わせた共同チームが不可欠である．実際，ヤドクガエル科を扱った本研究分野の初期の成果は，化学者John Dalyと爬虫両生類学者Charles Myersの偶然のパートナーシップの結果であった．科学技術の発展が目まぐるしい昨今，分子生物学をはじめとした，生命現象を分子によって説明するよりミクロな学問領域の知見・技術が合わされば，本研究分野はより大きく発展していくに違いない．　〔**井上貴斗，森　哲，森　直樹**〕

7. 哺乳類の性フェロモン

哺乳類においては臭腺からの分泌物，糞や尿によるマーキング行動が昔から知られており，個体や集団の認知，なわばりの維持，繁殖などに関係していると考えられてきた．そして，それらから発するにおいは昆虫の性フェロモンと異なって我々にも認識できるようなにおいであることも多く，化学分析や機能について多くの研究がある．しかし，明確な機能をもつ化合物の同定となると，昆虫ほど多くはない．哺乳類では信号の受け手の反応が昆虫のように定型的ではなく，経験や発育段階，季節，繁殖期かどうかなどによって異なるため，性フェロモンに対する反応を明確に識別しづらい場合が多いためであろう．しかし，近年アジアゾウやマウスの性フェロモンなどが解明され，急速に研究が進みつつある．また，フェロモンは揮発性の高い化合物が多いが，哺乳類ではペプチドやタンパク質など揮発性のない化合物も性フェロモンとして機能していることがわかってきた．

哺乳類で最初に性フェロモンの化学構造と働きが解明されたのは，ネズミ目のゴールデンハムスターである．発情した雌の膣から揮散するにおいから dimethyl sulfide（図 7.1）が検出され，この化合物は膣から揮散するにおいと同じくらい雄のハムスターを誘引した（Singer et al, 1976）．

哺乳類の中でゾウやウマ，ネコ，ウシ，ヒツジ，ヤギなどの雄が雌のにおいに対して示す典型的な反応がフレーメン反応である．頭をもち上げ，唇を引き上げて笑ったような表情になる反応で，雄が発情した雌の尿などのにおいをかいだときに観られ，性フェロモンの受容器である鼻腔内の鋤鼻器（VNO: vomeronasal organ）ににおいを取りこむ反応であると考えられている．

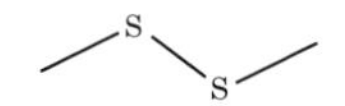

図 7.1 ハムスターの性フェロモン：dimethyl sulfide

アジアゾウの雌は発情期になると排卵前に *Z*7-12Ac を尿中に放出する．雄はこのにおいにさらされるとフレーメン反応を示し，性フェロモンの受容器である鋤鼻器ににおいを取りこむ（Rasmussen et al., 1996）．一方，成熟した雄ゾウは耳の前にある側頭腺から frontalin（図 2.5）を分泌し，他の雄や受精する可能性の低い雌を遠ざけ，卵胞期（卵胞が成熟する時期）の雌を誘引することがわかっている（Greenwood et al., 2005）．*Z*7-12Ac は多くの種のガの性フェロモンとして同定されており，また frontalin（図 2.6）は複数種のキクイムシの集合フェロモンである．このように系統的に大きく離れている動物同士が同じ化合物をフェロモンとして利用しているのは，動物がフェロモンの生合成に利用できる化合物や生合成経路などが限られているための生化学的収れんであると考えられる．

発情期の雌ウマの尿中には非発情期よりも多くの *p*-クレゾール（図 7.2 (a)）が含まれ，この化合物は雄ウマの興奮を引き起こすことが示されている（Būda et al., 2012）．また，ウシでは発情期の雌の尿中に 1-iodoundecane（図 7.2 (b)）が含まれ，雄のフレーメン反応や誘引反応を高める（Archunan and Kumar, 2012）ことが知られている．ヤギでは，雄ヤギの頭頸部にある皮脂腺由来の 4-ethyloctanal（図 7.2 (c)）が雌ヤギの繁殖中枢を刺激するプライマー効果を持っており，発情休止中の雌に発情を引き起こす（Murata et al., 2014）．

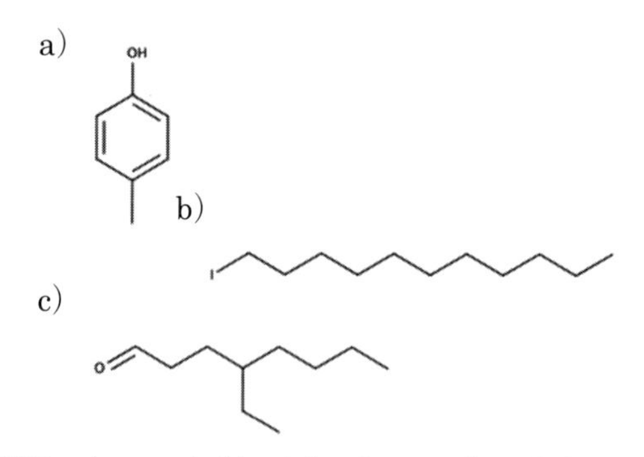

図 7.2　a）*p*-cresol，b）1-iodoundecane，c）4-ethyloctanal

ブタでは雄ブタだ液中に含まれるステロイドの一種である 3α-androstenol（図 7.3(a)）と 5α-androstenone（図 7.3(b)）を雌が認識すると，雌は交尾姿勢を維持したまま動かなくなることがわかっている（Pearce and Hughes, 1987）．畜産業では，この機能を利用して雌ブタの発情を促したり，交尾反応ひいては繁殖成功を高めるために，5α-androstenone を雌ブタの鼻にスプレーする手法が用いられている国もある．

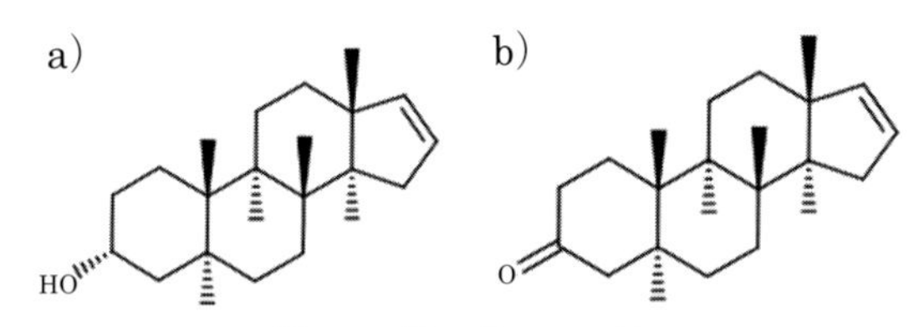

図 7.3 ブタの性フェロモン
a) 3α-androstenol, b) 5α-androstenone

哺乳類で性フェロモンの研究が最も進んでいるのがマウスであり，多くのフェロモンが知られている．雄由来のフェロモンには，雌の発情を誘導，若い雌の性成熟促進，雌の誘引，雄マウス同士の攻撃などを引き起こす機能がある．一方，雌由来のフェロモンには，雄の誘引の他に，若い雌の性成熟遅延や雌マウスの発情期遅延など，雄をめぐるライバルを減らすような機能もある．

雄マウスの尿由来のにおいは，雌のにおいかぎ行動を去勢した雄の尿よりも強く引き起こす．尿中に含まれる雌マウスを誘引する物質として，2-*sec*-butyl-4,5-dihydrothiazol（図 7.4(a)）と 2,3-dehydro-*exo*-brevicomin（図 7.4(b)）が同

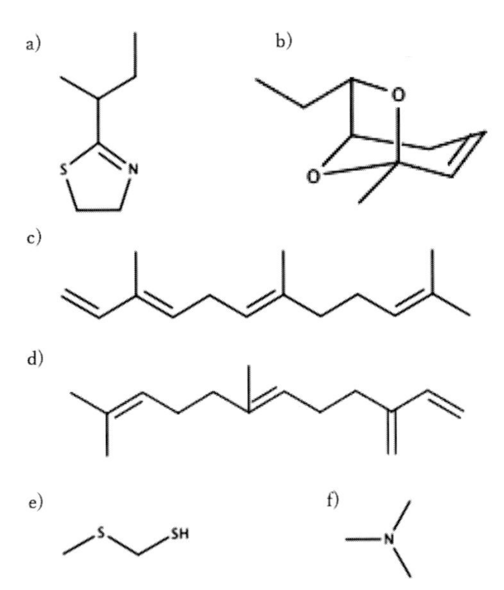

図 7.4 雄のマウスから同定されている性フェロモン
a) 2-sec-butyl-4,5-dihydrothiazol, b) dehydro-*exo*-brevicomin, c) (*E,E*)-α-farnesene, d) (*E*)-β-farnesene, e) (methylthio)methanethiol, f) trimethylamine.

定された（Jemiolo et al., 1985）．ただし，これらの物質は去勢雄の尿と混ぜないと活性を示さないので，他に去勢雄の尿中に未同定の物質があるのだろう．また，雄マウスの包皮腺から検出された（*E*,*E*）-α-farnesene（図 7.4(c)）と（*E*）-β-farnesene（図 7.4(d)）が雌マウスを引きつけ，この 2 つの化合物は雌が成熟した雄を認識する働きをもっていると示唆されている（Jemiolo et al., 1991）．雄の尿から揮発する（methylthio)methanethil（図 7.4(e)）が，雌の主嗅球に興奮を引き起こし，雌を誘引することも明らかにされている（Lin et al., 2005）．さらに雄マウスの尿に含まれる trimethylamine（図 7.4(f)）は，高濃度ではマウスを忌避するが，雄の尿に含まれる程度の低濃度では雌を誘引する（Li et al., 2013）ことがわかっている．なお，この trimethylamine はラットに対して忌避作用をもつが，野生ではラットはマウスを襲うことがあるので，マウスにとって trimethylamine は捕食者を遠ざけるアロモンとしても機能している，

複数のアミノ酸が結合したペプチドが性フェロモンとして初めて雄マウスの涙から同定された（Kimoto et al., 2005）．雌マウスは雄マウスに出会うと，鼻を雄の顔にこすりつけ，涙に触れる．すると雌は脊柱を反らせて，交尾可能な姿勢をとる．このとき雌の反応を引き起こすのが雄の涙に含まれる ESP1（exocrine-gland secreting peptide）と呼ばれるペプチドフェロモンである．ペプチドは揮発性がないので接触して初めて認識される．また，ペプチドよりも分子量が大きいタンパク質の性フェロモンが雄の尿から見つかっている．質量 18,893 Da のタンパク質で darcin と命名され（Roberts et al., 2010），雌を誘引し，雌の超音波発声，マーキングを引き起こす機能をもつ（Demir et al., 2020）．ペプチドやタンパク質のフェロモンは揮発性のフェロモンと異なって安定した化合物なので，長時間にわたって効果を発揮する．

雌マウス由来の性フェロモンに関しては，発情前期あるいは発情期の雌マウスの尿から複数の成分が検出されたが，その中で 1-iodo-2-methylundecane（図 7.5）は雄マウスににおいを嗅ぐ，なめる，グルーミングをするなどの行動を引き起こすことがわかっている（Achiraman et al, 2010）．

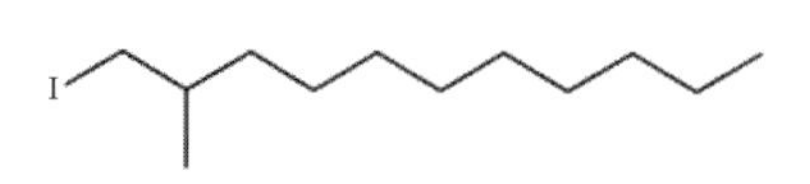

図 7.5　雌マウス由来の性フェロモン：1-iodo-2-methylundecane

霊長目の性フェロモンについては，アカゲザル雌の膣由来の脂肪酸が雄を誘引し，性行動を引き起こすと 1970 年代初期に報告がある（Michael et al., 1971）．しかし，その後これを支持する報告はな

く，むしろ否定的な報告が複数あり，結論は得られていない．

ごく最近霊長目で初めて性フェロモンの構造が解明された．マダガスカル島固有種であるワオキツネザルの雄は繁殖期に前腕腺のにおいを尾にこすりつけ，雌や他の雄に向かって尾を振る．これに対し雌はにおいを嗅ぐ反応を示す．この反応を指標に雄が放つにおいを分析した結果，脂肪族アルデヒドの 12Al, 12Me-13Al, 14Al が検出されて，これらの混合物を雌に提示すると繁殖期の雌が興味を示し誘引されることが明らかにされた（Shirasu et al., 2020）．なお，12Al と 14Al はいずれも多くの昆虫で性フェロモンや防御物質として機能している物質である（https://www.pherobase.com）．

同じ霊長目である類人猿やヒトにも性フェロモンが存在するのだろうか．過去にはヒトの性フェロモンに関する報告が複数あるが，現時点では確実な証拠はない．マウスなどで明らかにされている性フェロモン受容体の多くは VNO にある．霊長目の中で原猿類や中南米に分布するマーモセットなどの新世界ザルでは VNO が機能しているが，ヒヒなどの旧世界ザルや類人猿およびヒトでは VNO が機能していない（Wyatt, 2014）．また，広範な脊椎動物が共有する 1 型鋤鼻受容体遺伝子（*V1R* 遺伝子）が，ヒトやチンパンジーなどの上位の霊長類ではタンパク質を作る機能を失って（偽遺伝子化）おり，さらに *V1R* 遺伝子が偽遺伝子化している種と VNO が機能していない種には強い相関関係のあることも示されている（二階堂，2023）．将来ヒトでも性フェロモンが見つかる可能性はあるが，ヒトの場合は育った環境や性格，文化的背景なども影響するので，単純にフェロモンのみによって性行動が引き起こされることはないだろう．

〔**中牟田　潔**〕

8. ケミカルコミュニケーションの操作による害虫被害制御

すでに述べたように昆虫のケミカルコミュニケーションには，多数のセミオケミカルが関与している．しかもガ類の性フェロモンのようにごく微量で活性を示す場合が多く，当然害虫による被害を低減するための実用技術の開発も行われてきた．本章では，これまで害虫被害制御に実際に用いられている例を紹介する．

8.1 性フェロモンの利用

様々なケミカルコミュニケーションが報告されている中で，性フェロモンは同定された昆虫種数が最も多く，さらに，数多くの害虫防除資材の有効成分として実用化されている．生物にとって根源的な交尾行動を左右する性フェロモンは，基礎・応用の両面の研究対象として格好の題材だった証であろう．

ここでは，国内において性フェロモンがどのように利用されているか，モニタリング，大量誘殺，アトラクト＆キル，交信かく乱の順に，日本植物防疫協会が斡旋している商品や農薬登録を取得している製剤の一覧表とともに説明する．

□ 8.1.1 モニタリング（発生予察）

モニタリングとは現在進行中の害虫の発生状況を調べることをいう．そのデータは，過去の発生状況と被害程度の相関，および気象条件などを加味して解析され，今後の防除計画の作成や防除作業の実施に寄与する情報となって現地に提供される．これを発生予察という．

発生予察を高い精度で行うためには，対象害虫の野外密度を的確に検出するモニタリング手段が必要になる．この目的には古くから，多くの害虫が光に集まる習性を利用した誘蛾灯（ゆうがとう）（予察灯ともいう）が使用されてきた．しかし，集めた雑多な虫の中から対象害虫を仕分けるのに手間がかかるうえ，電源が届く範囲にしか設置できないことから，近年は，誘蛾灯に比べ使い勝手がよいフェロモントラップが標準的なモニタリング手法となっている．植物防疫法に基づき毎年全国で実施されている発生予察事業では，チョウ目害虫のほぼ全種においてフェロモントラップが採用されている．

フェロモントラップは，合成性フェロモンを1 mg程度含浸させ徐々に放出される素材（これを誘引剤と呼ぶ）と，誘引した虫を捕獲するトラップにより構成される．国内で市販されている性フェロモンを有効成分とした農業害虫の誘引剤を表8.1に示した．合計37種の害虫を対象としており，その内訳はチョウ目32，カメムシ目4，コウチュウ目1である．また，表8.1には載せていないが，その他としてノシメマダラメイガ，タバコシバンムシなどの貯穀害虫の誘引剤とトラップがメーカーにより直販されている．

モニタリングに使用するフェロモントラップは，火災報知器の役割に例えるとわかりやすいかもしれない．火災報知器は火煙を検知しブザーで知らせるが自身で消火活動はしない．実際の消火はスプリンクラーや消火器によって行われる．それと同様に，モニタリング用フェロモントラップも害虫の発生状況を見張るだけで，自身は防除活動をしない．害虫増加が予測された場合，その防除は殺虫剤が担うことになる．このため，発生予察のことを間接的防除と呼ぶことがある．間接的防除に用いる有効成分は，次に述べる大量誘殺とたとえ同一の化学物質を

表8.1　市販されているモニタリング用誘引剤（性フェロモンを有効成分とするもの）

作物	目（種数）	対象害虫
水稲関係	チョウ目（4）	ニカメイガ，コブノメイガ，イネヨトウ，フタオビコヤガ
	カメムシ目（2）	アカヒゲホソミドリカスミカメ，アカスジカスミカメ
野菜関係	チョウ目（11）	アワノメイガ，マメシンクイガ，ハスモンヨトウ，シロイチモジヨトウ，ヨトウガ，オオタバコガ，タバコガ，カブラヤガ，タマナヤガ，タマナギンウワバ，コナガ
	コウチュウ目(1)	アリモドキゾウムシ
果樹関係	チョウ目（13）	モモシンクイガ，ナシヒメシンクイ，リンゴコカクモンハマキ，リンゴモンハマキ，コスカシバ，ヒメコスカシバ，モモハモグリガ，キンモンホソガ，モモノゴマダラノメイガ，スモモヒメシンクイ，ミダレカクモンハマキ，クビアカスカシバ，ヒメボクトウ
	カメムシ目（2）	ナシマルカイガラムシ，アカマルカイガラムシ
茶関係	チョウ目（4）	チャノコカクモンハマキ，チャハマキ，チャノホソガ，チャドクガ

JPPAオンラインストア　発生予察用調査資材一覧　（2023/12/10時点のリストより作成）
https://jppaonlinestore.raku-uru.jp/item-list?categoryId=62649

使用していても，農薬取締法第二条で定義されている「農薬」には該当しないため，農薬登録の必要はない．

□ 8.1.2 大量誘殺

ほ場に設置したフェロモントラップが可能な限りたくさんの雄を捕獲して，野外に生息する雄の数を大幅に減らすことができれば，交尾相手がいない雌は交尾ができず，次世代の害虫発生を抑制することができる．このような目的でフェロモントラップを用いる防除方法を大量誘殺という．

使用する資材はモニタリングと同じ誘引剤とトラップの組み合わせであるが，合成性フェロモンの誘引力によって害虫を直接減らすことになるため，大量誘殺用の誘引剤は農薬登録が必要である．また，前項で紹介した間接的防除と対比して，大量誘殺のような合成性フェロモンの使用方法を直接的防除と呼ぶ．

農林水産省が公開している農薬登録情報提供システムのデータより，農薬登録がある大量誘殺剤を表 8.2 にまとめた．4 剤の有効成分が性フェロモンであり，1 剤は近年多発しているミズナラなどの広葉樹が集団的に枯損する「ナラ枯れ」の原因となるカシノナガキクイムシの集合フェロモンを用いた大量誘殺剤である（表 8.2，⑤）．

フェロディィン® SL（表 8.2，①）は，国内で最初に農薬登録された性フェロモン剤である．登録年（1977 年）より農林水産省は「性フェロモン利用促進事業」という 2 年間の助成事業を実施した．この事業は単なる展示ほ場的な試験に留まらず，防除効果を得るために必要最小限の処理面積，トラップの配置，トラップの形状に至るまで基礎的な検討がなされている．概して良好な結果が得られたが，ハスモンヨトウの野外密度が高くなる晩夏から初秋にかけて，期待したほど防除効果が得られないことがわかった．これは，フェロモントラップで除去しきれない雄が，交尾率を押し上げたことが原因の一つと推測されている．

捕獲した害虫を視覚的に確認できる大量誘殺は，とてもわかりやすい防除方法である．しかし，防除効果を得るためには，害虫密度に応じてトラップ台数を調整する必要があるし，近隣に発生源があればそこからの飛び込みを考慮してトラップを配置しなければならない．見た目のわかりやすさほど効果的に使うことは容易ではない．実際，フェロディン SL 以降，性フェロモンを有効成分とした大量誘殺剤が 3 剤しか実用化されていないという事実も，防除の困難さを示唆している．

表 8.2　農薬登録がある大量誘殺剤（2023 年 9 月時点）

	農薬の名称	登録番号	適用害虫名	有効成分	農薬の種類	作物名	登録社
①	フェロディンSL	13746	ハスモンヨトウ雄成虫	性フェロモン	リトルア剤	イモ類，マメ類 ナス科野菜，アブラナ科野菜，レタス，レンコン，ニンジン，ネギ類 イチゴ，タバコ マメ科牧草等	住友化学
②	サンケイオキメラノコール	17190	オキナワカンシャクシコメツキ成虫	性フェロモン	オキメラノルア剤	サトウキビ	サンケイ
③	ニトルアーアメシロ	20652	アメリカシロヒトリ	性フェロモン	フォールウェブルア剤	樹木類	エスディーエス
④	サキメラノコール	22302	サキシマカンシャクシコメツキ成虫	性フェロモン	サキメラノルア剤	サトウキビ	サンケイ
⑤	カシナガコール	23065	カシノナガキクイムシ	集合フェロモン	ケルキボルア剤	ナラ類（生立木） ナラ類（伐倒木）	サンケイ

http://www.acis.famic.go.jp/ddownload/ のデータより作成

ただし，オキナワカンシャクシコメツキ（表 8.2，②）とサキシマカンシャクシコメツキ（表 8.2，④）の 2 種は，雄成虫が雌より早く出現することがわかっているので，この時期に雄を捕り尽くすことができれば，交尾率を十分に下げ，次世代の発生を抑制することが可能である．

□ 8.1.3　アトラクト＆キル

合成性フェロモンと殺虫剤の混合物を含浸させた資材をほ場に配置して，その資材に触れた雄を殺すことによって野外雄の生息数を下げて交尾率の低下を狙う．このような防除方法をアトラクト＆キル（attract and kill），もしくは，ルアー＆キル（lure and kill）という．

農薬登録をもつアトラクト＆キル剤を表 8.3 に示した．①③⑥⑦に示したミカンコミバエの誘引物質は性フェロモンではない．カを追い払おうとシトロネラの油をハンカチにつけたところ，ハエの大群でハンカチが真っ黒になった事件がきっかけとなって見つかった植物由来の物質である．その物質（メチルオイゲノール，図 2.12）に対し，ミカンコミバエの雄は強く誘引されることに加えて，

表 8.3 農薬登録があるアトラクト&キル剤（2023 年 9 月時点）

	農薬の名称	登録番号	適用害虫名	有効成分	農薬の種類	作物名	登録社
①	サンケイメチルオイゲノール	10325	ミカンコミバエ	＊1	メチルオイゲノール剤	果樹類，野菜類樹木類，花き類・観葉植物	サンケイ
②	サンケイキュウルア	14011	ウリミバエ	＊2	キュウルア液剤	うり類，パパイヤ，バンジロウ，トマト，ピーマン，いんげんまめ	サンケイ
③	ユーゲサイドD	15097	ミカンコミバエ	＊1	ダイアジノン・メチルオイゲノール油剤	果樹類，野菜類，樹木類，花き類・観葉植物	サンケイ
④	アリモドキコール	18036	アリモドキゾウムシ	性フェロモン	ＭＥＰ・スウィートビルア油剤	かんしょ	サンケイ
⑤	アリモドキコール粒剤	20859	アリモドキゾウムシ	性フェロモン	ＭＥＰ・スウィートビルア粒剤	かんしょ	サンケイ
⑥	サンケイユーゲサイドD	22099	ミカンコミバエ	＊1	ダイアジノン・メチルオイゲノール油剤	果樹類，野菜類，樹木類，花き類・観葉植物	琉球産経
⑦	一農ユーゲサイドD	22100	ミカンコミバエ				第一農薬

＊1 蚊を追い払うためにシトロネラ油をハンカチにつけたところ，*Dacus zonatus*（マンゴーミバエ）の大群が押し寄せた（偶然の発見）．その後，Howlett（1915）は，シトロネラ油に含まれるメチルオイゲノールが，*D. zonatus* と *D. ferrugineus* に対して強い誘引力を持つことを示した．現在は，この 2 種のどちらかが，*D. dorsalis*（ミカンコミバエ）であろうと推測されている．

＊2 数多くの合成化合物が誘引性によりスクリーニングされ，その活性が最も強い物質を Cue-lure と命名した（Alexander et al., 1962）．

⑥と⑦：同一製剤だが登録ホルダーが異なる

http://www.acis.famic.go.jp/ddownload/ のデータより作成

集まった雄はメチルオイゲノールをむさぼるように食べる（18 ページ参照）．その異常なまでの旺盛な摂食行動を利用しようと考え，殺虫剤と組み合わせて使うアトラクト&キルが考案されたといわれている．アメリカ農務省は，この方法を用いて，1965 年にマリアナ諸島においてミカンコミバエの根絶を達成した．また，国内では沖縄県と鹿児島県において，サトウキビの繊維を固めて作ったテックス板にメチルオイゲノールと殺虫剤を吸収させ，それを航空機から投下することによりミカンコミバエの根絶に成功している．

②のウリミバエの誘引剤キュウルアは，合成した数多くの化合物の中から誘引

性に優れた物質として選抜されたものである．しかし，その誘引力はミカンコミバエに対するメチルオイゲノールに比べるとかなり劣るため，アトラクト&キルだけでウリミバエを根絶させることはできない．本種の防除には，γ線照射により不妊化された成虫を大量に放飼して，野外の健全虫に無駄な交尾をさせることで害虫密度を減らす不妊虫放飼法が最善の方法として採用されている．実際，沖縄県宮古群島では最大4,800万匹，沖縄本島では1億匹の不妊虫を毎週放飼することにより，本種が根絶された．

アリモドキゾウムシも沖縄県の害虫である（表8.3，④⑤）．合成性フェロモンと殺虫剤MEP（フェニトロチオン）の混合液を，ミバエ類の根絶事業で使用されたものと同タイプのテックス板，もしくは，天然鉱物を加工して得た小球に含浸させて使用する．沖縄県久米島では1994年11月から1999年1月までおよそ40万枚のテックス板を本種の生息域に設置して，本種の密度を大幅に下げることに成功し，さらに1999年からの不妊虫放飼が功を奏し，2012年に久米島における本種の根絶が確認されている（Himuro et al., 2022）．

□ 8.1.4 交信かく乱

一般的にガの雌が放出する性フェロモン量はきわめて少ない．おそらく，天敵に気付かれないよう雌雄で交わす会話の音量を抑える方向に進化したのであろう．その結果，雄のガは性フェロモンに対し超高感度の嗅覚をもつことになる．

この鋭敏な嗅覚を逆手にとって，少なくとも雌が出すにおいより高い濃度の合成性フェロモンをほ場に維持することができれば，雄を惑わし交尾機会を妨害できる．その結果，交尾率が低下し，次世代の害虫密度の低減を期待する．このような防除法を交信かく乱という．

交信かく乱のアイデア自体は古く，レイチェル・カーソンは『沈黙の春』（1962）の最終章「べつの道」で次のように紹介している．

> 「…誘引剤を粒状の物質とまぜて空から撒布する．そして，雄のマイマイガの嗅覚を混乱させ，あちらでもこちらでもいいにおいをさせて，雌へと通ずる本当のにおいの道をかきみだしてしまう．…」

フェロモンという専門用語がまだ定着していない1960年初頭から，フェロモン研究先進国の米国では，殺虫剤一辺倒から脱却する手段として交信かく乱が検討されていたことになる．しかし，本格的な商業化はそれよりかなり遅れた1980年代からであった．交信かく乱に要する原体量が，フェロモントラップに比べ桁違いに多く，製造コストが割高になってしまうことが開発を遅らせた主要因であろう．

国内では 1983 年に農薬登録されたハマキコン（農薬名）が最初の交信かく乱剤である．ハマキコンは抵抗性によって失効したが，交信かく乱剤は増え続け，2023 年 9 月時点で 20 剤が販売されている（表 8.4）．いずれの交信かく乱剤も，害虫の発生期間全体をカバーするように合成フェロモンを放出する．このような製剤一つ一つをディスペンサーと呼んでいる．「②ラブストップヒメシン」のディスペンサーは，天然鉱物を加工した小球に合成性フェロモンを吸収させたものであるが，それ以外の 19 剤は，プラスチックチューブに合成性フェロモンが封入されている．果樹園では枝から吊るし，野菜ほ場では適当な間隔で立てた支柱に吊るすか，長尺チューブをほ場に張り渡して使用する．

表 8.4「適用害虫名」の欄をみると，複数の害虫に対して有効な剤が目立つことがわかる．既に述べたモニタリング，大量誘殺，アトラクト&キルはいずれも対象害虫を誘引して効果を発揮する剤であり，この目的に用いる合成性フェロモンは天然の雌の性フェロモン（成分と成分比）を正しく再現したものでなければならない．当然，対象害虫は 1 剤 1 種となる．しかし，交信かく乱は，雄を惑わすことができればよいわけで，極端な場合，誘引活性をもたない成分や成分比でも構わないことになる．これが複数の害虫に対して有効な交信かく乱剤が誕生する理由である．例えば，「④コナガコン」は，もともとコナガの天然成分を混合したコナガ専用剤として販売されたが，その後，そのなかの 1 成分がオオタバコガの性フェロモン成分であることが判明し，コナガコンがオオタバコガにも効くことがほ場試験によって示された．コナガコンは，オオタバコガを誘引できないもののかく乱ならできるのである．

また，「雄を惑わすことができれば何でもよい」という特性は，複数の害虫の性フェロモンをブレンドして混合剤を作ることも可能にする．表 8.4「農薬の種類」をみると，⑤，⑦，⑧，⑨，⑪，⑫，これら 6 剤は混合剤として農薬登録を取得していることがわかる．歴史的には，単剤で品揃えを増やすところから始まって，「単剤を何種類も併用していては普及が進まない」という現場の要求に応じ，混合剤の開発が行われてきた．

「⑳ケブカコン」の対象害虫ケブカアカチャコガネは，交信かく乱では珍しいコガネムシ科の害虫である．ガ類を対象とした交信かく乱剤はほぼ開発し尽くした感があり，今後の開発のターゲットはケブカコンのようなチョウ目以外の害虫

表 8.4　農薬登録がある交信かく乱剤（2023 年 9 月時点）

	農薬の名称	登録番号	適用害虫名	有効成分	農薬の種類	作物名	登録社
①	オキメラコン	22179	オキナワカンシャクシコメツキ	性フェロモン	オキメラノルア剤	オキナワカンシャクシコメツキが加害する農作物等	信越化学
②	ラブストップヒメシン	22370	ナシヒメシンクイ	性フェロモン	オリフルア剤	果樹類	サンケイ
③	ハマキコン-N	22378	リンゴコカクモンハマキ，ミダレカクモンハマキ，リンゴモンハマキ，チャハマキ，チャノコカクモンハマキ	性フェロモン	トートリルア剤	果樹類，茶，フェニックス・ロベレニー	信越化学
④	コナガコン	22762	コナガ，オオタバコガ	性フェロモン	ダイアモルア剤	コナガ，オオタバコガが加害する農作物等	サンケイ
⑤	コナガコン - プラス	22763	リンゴヒメシンクイ，コナガ，オオタバコガ，ヨトウガ	性フェロモン	アルミゲルア・ダイアモルア剤	アロニア，コナガ・オオタバコガ・ヨトウガが加害する農作物等	信越化学
⑥	ナシヒメコン	22781	ナシヒメシンクイ，スモモヒメシンクイ	性フェロモン	オリフルア剤	果樹類，すもも	信越化学
⑦	コンフューザーR	22947	モモシンクイガ，ナシヒメシンクイ，リンゴコカクモンハマキ，ミダレカクモンハマキ，リンゴモンハマキ	性フェロモン	オリフルア・トートリルア・ピーチフルア剤	果樹類	信越化学
⑧	コンフューザーN	22959	ナシヒメシンクイ，モモシンクイガ，チャハマキ，チャノコカクモンハマキ，リンゴコカクモンハマキ，リンゴモンハマキ，スモモヒメシンクイ	性フェロモン	オリフルア・トートリルア・ピーチフルア剤	果樹類，すもも	信越化学
⑨	コンフューザーMM	23055	ナシヒメシンクイ，リンゴコカクモンハマキ，モモハモグリガ，モモシンクイガ，チャノコカクモンハマキ	性フェロモン	オリフルア・トートリルア・ピーチフルア・ピリマルア剤	果樹類	信越化学
⑩	スカシバコンL	23057	キクビスカシバ，ヒメコスカシバ，コスカシバ	性フェロモン	シナンセルア剤	キウイフルーツ，かき，果樹類，食用さくら（葉），さくら	信越化学

表 8.4 （つづき）

	農薬の名称	登録番号	適用害虫名	有効成分	農薬の種類	作物名	登録社
⑪	コンフューザーV	23084	コナガ，オオタバコガ，ハスモンヨトウ，タマナギンウワバ，イラクサギンウワバ，ヨトウガ，シロイチモジヨトウ	性フェロモン	アルミゲルア・ウワバルア・ダイアモルア・ビートアーミルア・リトルア剤	野菜類，いも類，豆類(種実)，花き類・観葉植物	信越化学
⑫	コンフューザーAA	23097	キンモンホソガ，ナシヒメシンクイ，リンゴコカクモンハマキ，リンゴモンハマキ，モモシンクイガ，ミダレカクモンハマキ	性フェロモン	アリマルア・オリフルア・トートリルア・ピーチフルア剤	果樹類	信越化学
⑬	ヨトウコン-I	23167	イネヨトウ	性フェロモン	インフェルア剤	さとうきび，飼料用さとうきび	信越化学
⑭	ヨトウコン-S	23390	シロイチモジヨトウ	性フェロモン	ビートアーミルア剤	シロイチモジヨトウが加害する農作物	信越化学
⑮	ヨトウコン-H	23421	ハスモンヨトウ	性フェロモン	リトルア剤	ハスモンヨトウが加害する農作物	信越化学
⑯	ノシメシャット	23447	ノシメマダラメイガ	性フェロモン	ビートアーミルア剤	貯蔵穀物等	信越化学
⑰	パナライン	23448	ノシメマダラメイガ	性フェロモン			国際衛生
⑱	ボクトウコン-H	23633	ヒメボクトウ	性フェロモン	コッシンルア剤	果樹類	信越化学
⑲	シンクイコン-L	23882	モモシンクイガ	性フェロモン	ピーチフルア剤	果樹類	信越化学
⑳	ケブカコン	23895	ケブカアカチャコガネ	性フェロモン	ダイシルア剤	さとうきび	信越化学

⑯と⑰：同一製剤だが登録ホルダーが異なる
http://www.acis.famic.go.jp/ddownload/ のデータを元に作成

にシフトしていくと思われる．

□ 8.1.5 わが国における実用例

a. ハマキムシ類

わが国で初めて農薬登録された交信かく乱剤は，茶害虫 2 種（チャノコカクモンハマキ，チャハマキ）を対象としたハマキコンである．その名の由来は単純で，2種のハマキムシをコントロール（防除）することからハマキコンと名づけられた．

チャノコカクモンハマキとチャハマキの性フェロモン組成を表8.5に示す．両種とも *Z*11-14Ac を性フェロモンとして利用しているが，他の成分はすべて異なっている．もし，これらをすべて使って交信かく乱をしようと思ったら，6種類の化合物を大量に合成しなければならないことになる．これは当時の状況ではコスト的にかなり厳しかった．そこで，共通する一成分だけを使い，低コストで両種をかく乱できないだろうかというアイデアから研究が始まり，*Z*11-14Ac のみを有効成分とするハマキコンが開発された．

その後，ハマキコンは，果樹を加害するハマキムシにも効くことが判明し，それらを適用拡大していった結果，最終的な適用害虫は表8.5に示した5種となった．それらの害虫が持っている *Z*11-14Ac の比率をみると，88％と高いチャハマキのような虫もいれば，10％しかないリンゴコカクモンハマキのような虫もいて，害虫により大きく異なる．ハマキコンは，とにかく *Z*11-14Ac を性フェロモンとして利用しているハマキムシであれば，その組成比率の大小に関わりなく，効果があったのである．

ところが，農薬登録から10年を過ぎた1990年代中頃，ハマキコンを使い続けていた茶畑でチャノコカクモンハマキが大発生した．最初は製造物の欠陥が疑われたが，同じロットの製剤をハマキコンの使用歴がない茶畑に処理したところ，従来どおりの交信かく乱効果が確認されたため，この大発生は商品の欠陥に

表8.5　交信かく乱剤ハマキコン*1（登録番号15559*2）の適用害虫，および，それら害虫の性フェロモン組成（数字は組成比％）

適用作物	性フェロモン組成 ＼ 適用害虫	*Z*11-14Ac	*Z*9-14Ac	*E*11-14Ac	*Z*9-12Ac	11-12Ac	10Me-12Ac	*Z*11-14OH
茶	チャノコカクモンハマキ	31	63	4	—	—	2	—
	チャハマキ	88	—	—	9	3	—	—
果樹	リンゴコカクモンハマキ	10	90	—	—	—	—	—
	リンゴモンハマキ	30	—	70	—	—	—	—
	ミダレカクモンハマキ	76	—	19	—	—	—	5

*1　有効成分：*Z*11-14Ac のみ．
*2　登録年月日：1983年7月21日．失効年月日：2004年7月21日．

よるものではなく，ハマキコンが効かない個体が継続使用により選抜され優占したことが原因だろうと考えられた（望月・野口，2003）．この現象を，チャノコカクモンハマキにおけるハマキコンに対する抵抗性といい，抵抗性がでたハマキコンの農薬登録は2004年に失効している．

抵抗性を獲得した虫は，ハマキコンが効く虫と何が違うのだろうか？　田端ら（2007）は，抵抗性をもたない累代飼育虫（以下，S虫と表記）と，ハマキコンに対し抵抗性が確認されたほ場から採取した抵抗性虫（以下，R虫と表記）を用いて，雌の性フェロモン腺の分析や，雄の行動解析を行い，その答えをわかりやすく解説している．図8.1は，S虫とR虫の雄を使った風洞実験の結果である．ハマキコンの有効成分である*Z*11-14Acと，もう一つの主要な性フェロモン成分である*Z*9-14Acの成分比を様々に変えた誘引剤を作成し，それぞれを風上に設置して風下から雄を放した．図8.1の縦軸は誘引剤に対する雄の反応率，横軸は成分比である．

S虫の反応率は30:70をピークにした一山型であった．そして，*Z*11-14Acを含まない0:100や，逆に，*Z*9-14Acを含まない100:0の反応率はゼロであり，これらどちらか一つを欠いても誘引性が失われる．しかし，R虫のほうではピークが見当たらず，どの混合比に対しても反応している．さらに驚くべきことに，S虫が反応しない0:100と100:0にも誘引されている．風洞実験に用いた誘引剤には，チャノコカクモンハマキ性フェロモンの第3成分（*E*11-14Ac）と第4成分（10Me-12Ac）が添加されているので，R虫の雄は，【*Z*11-14Ac＋第3成分＋第4成分】や【*Z*9-14Ac＋第3成分＋第4成分】を，どちらとも性フェロモ

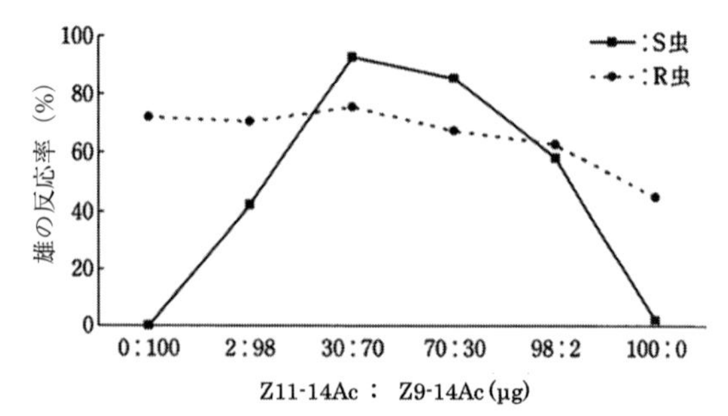

図8.1　*Z*11-14Ac、および、*Z*9-14Acの成分比を変えた誘引剤に対するS虫およびR虫の雄の反応性
各ルアーはほかに*E*11-14Ac（4 μg）と10Me-12Ac（2 μg）をそれぞれ含む．田端ら（2007）より改変．

ンとして認識し，そのにおいが出ている場所に定位する能力を備えていたことが明らかになった．

既に述べたようにハマキコンは *Z*11-14Ac の単独成分である．これをいくら高濃度でほ場に充満させたところで，野外雌が出す性フェロモンには【*Z*9-14Ac＋第 3 成分＋第 4 成分】が当然含まれており，抵抗性を獲得した R 虫の雄はたやすく雌にたどり着くことができたのである．

では抵抗性を獲得した虫を交信かく乱するためにはどうすればいいだろうか？答えは簡単で，虫が使用している性フェロモン成分をすべて使うことである．実際，現在市販されている改良剤「ハマキコン -N」（表 8.4，③）の有効成分は，ハマキコンの適用害虫 5 種が持っている性フェロモンの全成分を混合しており，農薬登録から 20 年以上経過したが未だに抵抗性の報告はない．〔**望月文昭**〕

b. ウワバ類

ウワバ類（キンウワバ類）は，ヤガ科キンウワバ亜科に属する中型のガの仲間である．日本には約 60 種生息するが，農作物を加害することが知られているのは 10 種ほどである．このうちタマナギンウワバ *Autographa nigrisigna* とイラクサギンウワバ *Trichoplusia ni* は，キャベツなどアブラナ科野菜やレタスなどの害虫であり，タマナギンウワバはモニタリング用の誘引剤が市販されている（表 8.1）．

長野県内のレタスほ場に複合交信かく乱剤（信越化学工業社製コンフューザー® V：以下 市販剤，表 8.4 ⑪）を処理し，タマナギンウワバの交信かく乱状況を調べたところ，成虫は処理区でトラップに誘引され，ほ場では幼虫が発生していた．これは市販剤の対象害虫のかく乱状況を調べた市川ら（2002）の本種のかく乱程度や幼虫の発生状況と類似していた．そこで，なぜ本種は市販剤の効果が低いのかを明らかにするため実験を行った．

使用した市販剤は，オオタバコガ，ハスモンヨトウ，コナガなど 7 種類の害虫を対象とし，各害虫の主要な性フェロモン成分 9 種類が含まれているが，微量成分は含まれていない．タマナギンウワバの性フェロモン成分とその割合は *Z*7-12Ac：*Z*7-12OH：*Z*7-14Ac：*Z*5-12Ac = 100：62：4：2 である（Sugie et al., 1991）．含有量の多い 2 成分は市販剤に含有されているが，微量の 2 成分は含まれておらず，この微量 2 成分が交信かく乱効果に影響している可能性が考えられた．そこで長野県内のレタスほ場に市販剤処理区（11.4 ha），タマナギンウワバ性フェロモン 4 成分区（3.8 ha），主要 2 成分区（4.4 ha）と無処理区を用意し，各区の性フェロモントラップに誘引された雄成虫数，各区に設置した交尾カゴ（南島ら，2004）による交尾率，各区に設けた無農薬栽培レタスの収穫期に発生していた幼虫数を調べた．

その結果，4 成分区の誘引数は市販剤処理区に比べて減少しており，性フェロモン成分がすべて含まれている場合は十分な効果がみられた．また主要 2 成分区でも市販剤処理区に比べて捕獲数は減少していた．交尾カゴを用いた一晩当たりの雌の交尾率を表 8.6 に示した．4 成分区では交尾した雌はみられず交信かく乱が起こっていたが，2 成分区および市販剤処理区では，無処理より交尾率は低かったものの 3 割程度は交尾していた．またほ場の幼虫の発生は，4 成分区ではほとんどみられなかったが，2 成分区は無処理区と同等であった．したがって，市販剤中のウワバ（タマナギンウワバとイラクサギンウワバ）用主要 2 成分以外の他害虫用の成分が，タマナギンウワバの雄の行動に影響している可能性が考

表 8.6　各試験区に設置した交尾カゴ内のタマナギンウワバメスの交尾率

	4 成分区	**2 成分区**	**かく乱剤区**	**無処理区**
供試メス数（匹）	44	43	44	42
交尾メス数（匹）	0	13	15	35
交尾率（%）	0 a	30 b	34 b	83 c

2 成分区とかく乱剤区では交尾率に有意な差はなかった（$p > 0.05$）．

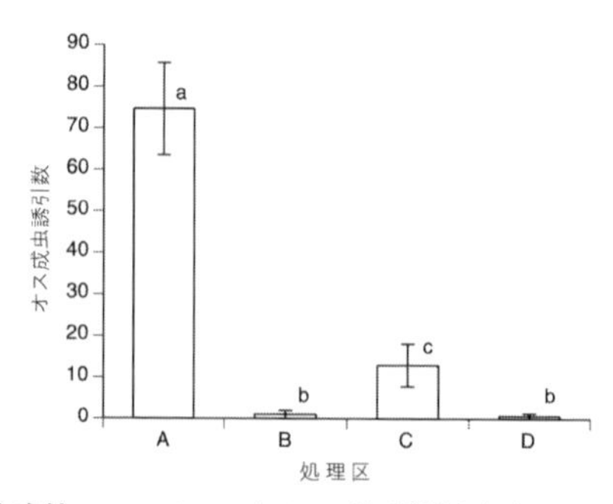

図 8.2　合成性フェロモンのトラップに誘引されたタマナギンウワバの雄成虫数

異なるアルファベットを付した処理区の間には有意な差がある（$p < 0.05$）．処理区 A：タマナギンウワバ性フェロモン 4 成分，B：A にコナガ用成分を追加，C：A にハスモンヨトウ用成分を追加，D：A にコナガ用成分およびハスモンヨトウ用成分を追加．Igarashi-Hashiyama et al.（2022）を一部改変

えられた．

そこでタマナギンウワバが他種の性フェロモン成分を認識しているか，認識している場合それらの成分が交信かく乱にどのような影響を及ぼしているのかを調べた．市販剤を GC-EAG 法（11 ページ参照）によって分析したところ，本種雄の触角はウワバ用の 2 成分の他に，コナガ用の成分 *Z*11-16Al とハスモンヨトウ用の成分 *Z*9*E*11-14Ac に反応がみられた．この 2 種の成分を単独または一緒に本種の性フェロモン成分に添加し，野外で誘引試験を行った．その結果，どちらの成分が加わっても雄の誘引数は有意に減少し（図 8.2），他種害虫の成分が雄の誘引を阻害していることがわかった（Igarashi-Hashiyama et al., 2022）．

以上のことから，複合交信かく乱剤を用いたレタスほ場でタマナギンウワバが減らない要因は，市販剤にタマナギンウワバの微量成分が欠如していることと，市販剤中の他種成分が影響していることであると明らかになった．〔**野村昌史**〕

c.　ヒメボクトウ

ヒメボクトウはボクトウガ科のガで，幼虫がヤナギ，ナシやリンゴなどの樹木に穿入，食害する害虫である．卵は塊で産まれ，孵化幼虫が集団で樹体内に穿入し，蛹になるまで集団で組織を食害するので（図 8.3），主幹を切らざるをえな

図 8.3　ナシの樹体内を集団で食害するヒメボクトウ幼虫

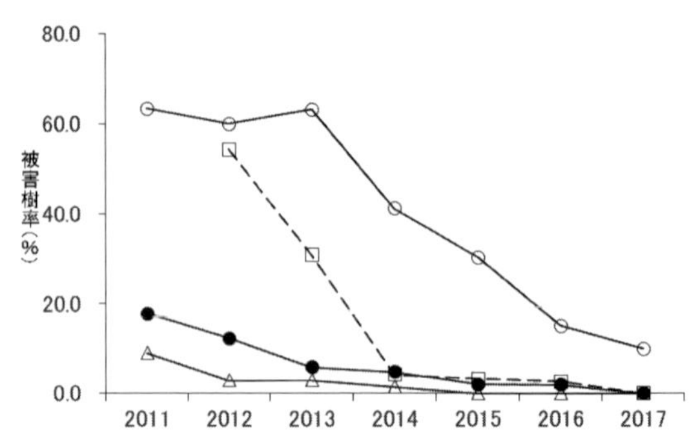

図 8.4　徳島県内のナシ園における交信かく乱剤処理によるヒメボクトウの被害低減効果
当初の被害率が異なる 4 園における被害率の推移を示した（中西ら，2018 より描く）.

くなり，リンゴでは木が枯れてしまうこともある．また，幼虫が樹体内にもぐり込むため，通常の殺虫剤散布による防除は効果があまり期待できない．本種の性フェロモンは *E*3-14Ac とその幾何異性体である *Z*3-14Ac の 95:5~98:2 混合物であり，*E*-体が 60％以上含まれた合成フェロモンであれば雄成虫を強く誘引することがわかっている（Chen et al., 2006）．そこで，合成フェロモンを用いて交信かく乱を試みたところ，ナシ園とリンゴ園のいずれにおいても処理園では雄がトラップにほとんど捕獲されず，交信かく乱効果の高いことが明らかになった．また，未交尾雌を用いたつなぎ雌の交尾率も交信かく乱園では 0% で，さらに被害樹率も処理後 2 年目から徐々に低下したことから，2015 年に交信かく乱剤が実用化され，市販された（表 8.4，⑱）．徳島県のナシ園では交信かく乱剤を 7 年間継続的に処理した結果，被害率が 60％を超えていた園では被害率が 20％以下に低下した．さらに，被害率が 20％程度であった園では被害がほぼなくなった（図 8.4，中西ら，2018）．

被害低減効果はナシ生産農家 33 人に対するアンケート結果にも現れた．すなわち交信かく乱剤を処理した農家の約 80％が被害は減った，さらにその 80％は交信かく乱剤が効いたと回答された（中西ら，2018）．交信かく乱剤はコストが高いとの印象があるが，徳島県におけるナシ栽培の経営指標では，交信かく乱剤は農薬費の約 3％ほどであり，経営的に十分普及できるとされている（中西ら，2018）．

〔**中牟田　潔**〕

d. ケブカアカチャコガネ

ケブカアカチャコガネは，根や地下茎を加害するサトウキビの害虫である．2010 年頃，JA おきなわの担当者から聞いた話によると，本種による被害総額は年間およそ 2 億円とのことだった．被害は宮古島と伊良部島の二島に集中していたので，サトウキビの栽培規模や収量単価を考慮すれば決して小さい数字とはいえない．本害虫によって収穫がゼロになってしまったケースも報告されており，当事者の農家にすれば死活問題であった．

本種はその一生のほとんどを土の中で過ごすため，薬液が届きにくく殺虫剤の散布では防除が難しい．それに加え，宮古島では飲料水を含めたすべての生活用水を地下水からくみ上げている．地下水汚染に直結する殺虫剤の散布は，できるだけ避けなくてはならない．土中に居座り続けて根や地下茎を食い荒らすケブカアカチャコガネの防除は打つ手がなくなっていた．

そのような状況のなか，合成性フェロモンを用いた防除が検討された．本種の性フェロモンは，図 8.5 に示した（*R*)-2-ブタノール（butanol）である（Wakamura et al., 2009）．この物質には光学異性体である（*S*)-2-ブタノールが存在するが，雄を野外で誘引できるのは *R*-体のみであり，また，*R*-体と *S*-体を 1：1 で含むラセミ混合物にも誘引されない．したがって，モニタリング用トラップには *R*-体を用いなければならない．しかし，交信かく乱は，誘引はできなくてもかく乱できればいいわけである．*R*-体よりも圧倒的に安価で入手できるラセミ混合物でかく乱剤の実用化試験が行われた．その結果，ラセミ混合物を充填した 50 メートルのポリエチレンチューブをサトウキビ畑に何本も張り渡すことにより，交尾率を 1% まで下げることができ，次世代の幼虫密度もほぼゼロに近いレベルまで減少できた（Arakaki et al., 2013）．この結果をもって，本種の交信かく乱剤ケブカコン（表 8.4，⑳）は，2017 年 1 月に農薬登録を取得した．

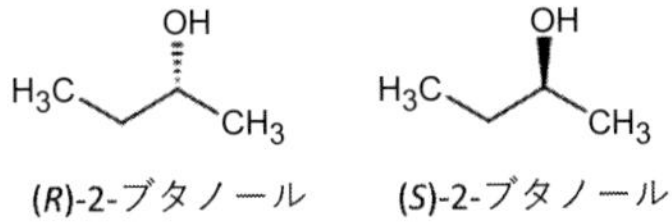

(*R*)-2-ブタノール　(*S*)-2-ブタノール

図 8.5　1：1 ラセミ混合物

この交信かく乱剤を用いて，地下水を汚すことなく宮古島で最も厄介な害虫ケブカアカチャコガネの被害を大幅に減らすことができたのである．その効果はてきめんで，ケブカアカチャコガネの問題は沖縄県からほぼ一掃された．

コガネムシ科害虫における交信かく乱を目途としたフェロモン剤は，世界を見渡しても実例がないだろう．コガネムシ科をコウチュウ目にまで範囲を広げても市販までに至った商品はわずかである．ケブカコンの成功は，ケブカアカチャコガネといったややローカルな問題を解決するだけではなく，これまで開発が遅れていたコガネムシ類へのフェロモン利用の発展に寄与するものと期待される．

〔望月文昭〕

8.2 寄主選択物質を利用した害虫防除

進化の歴史を振り返れば植物の生産する二次代謝産物は，忌避物質や摂食阻害物質，生育阻害物質など様々な生理活性を示す防御物質として発達してきた．例えば，トマトに含まれるトマチン（tomatine）がミナミキイロアザミウマに対して摂食阻害活性を示すことは既に説明した（3.3.3 項参照）．このトマチンは人に対しても「えぐい渋み」を感じさせ，実際に葉をかじると途端に吐き出すことになる．しかし，我々が食べる赤く熟したトマトの実にトマチンはほとんど含まれず，その量は葉に比べて 1/2,000 程度である．ところが，トマトの野生種の完熟した実には栽培種の 2,000 倍，葉にはそれ以上のトマチンが含まれ，植物全体がトマチンで防御されている．すなわち，品種改良の過程で野生種において身を守っていたトマチンを消失させることで，食べやすい野菜を作出したことになる．別の見方をすれば，抵抗性を低下させ害虫に加害されやすい野菜を作出したことにもなる．程度の差はあれどのような農作物も同じような状況であり，害虫防除を行わねばならなくなっている．人が取り除いた植物の化学成分（防御物質）に替えて，人が合成した化学成分（殺虫剤）を散布するとは，なんとも皮肉なことである．しかしそうであれば，このような防御物質をもとに戻せば害虫防除が行えることになる．そのような観点から人類は昔から植物の二次代謝産物を農薬として利用してきた．実際に宮崎安貞の『農業全書』には，害虫や病気への対処方法としてタバコやクララ，アセビなどの水抽出物をまくことが記載されている．そのような民間伝承技術の中には現在の害虫防除に直結するものも存在する．

□ 8.2.1 タバコとニコチン

タバコは古くからし好品として広くたしなまれる一方，ニコチン（nicotine，図 8.6）が人の健康に被害を与えることも有名である．ヒトすなわち動物へ毒性を示すことから，植物としてのタバコにとってニコチンが防御物質として機能し

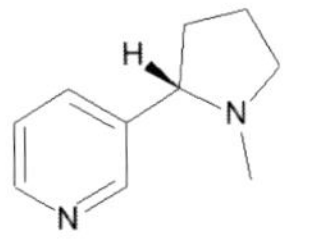

a) ニコチン
(天然物)

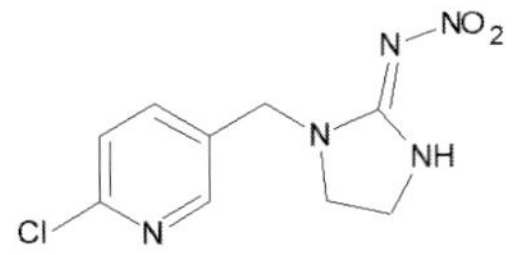

b) イミダクロプリド
(ピリジルメチルアミン系)

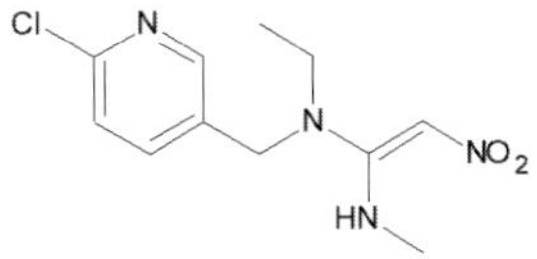

c) ニテンピラム
(ニトロメチレン系)

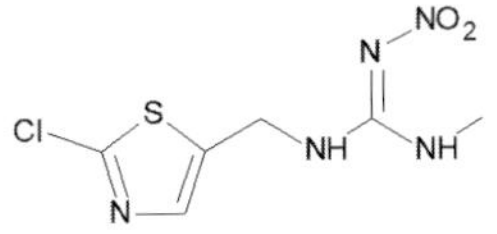

d) クロチアニジン
(ニトログアニジン系)

図 8.6　ニコチンとネオニコチノイド

ていることは容易に想像できる．そのようなことからタバコは植物保護に古くから利用されてきた．タバコは南米原産の熱帯植物で大航海時代に世界に広がり，日本にも戦国時代に伝来している．タバコは原産地の南米ではし好品として使われていたが，導入初期のヨーロッパでは主に医薬品として扱われ，ペストの治療薬・予防薬として広く普及した．その後，植民地を中心に広く栽培されるとともにし好品としても利用されるようになり，現在では 4 大し好品の一つに数えられている．こうした経緯を経てタバコの栽培が盛んになると，これを用いた害虫防除も行われ始めた．まずは乾燥させたタバコの葉を粉状にしたタバコ粉を農作物に直接まいて防除が行われ始めた．その後，タバコからニコチンを抽出した硫酸ニコチンが開発され，アブラムシやメイチュウ，シンクイムシなど幅広い害虫に防除効果を示す農薬として使われた．日本においても明治時代から製造され，戦前までは主要な農薬であったが，人への毒性の高さや他の農薬の登場によって使用量は減少し，現在は使われていない．一方でニコチンの化学構造をヒントにしてイミダクロプリド（imidacloprid）を皮切りにネオニコチノイドと呼ばれる一群の化合物が開発され（図 8.6），現在使われている主要な農薬の一つとなっている．このように植物の生産する防御物質を人類は，初期には全草を粉体の散布剤として，その後は抽出物を液剤として，さらには合成農薬のリード化合物として利用してきた．

□ 8.2.2　除虫菊と蚊取り線香

夏の風物詩であった蚊取り線香も最近ではあまり見かけなくなり，電気式で長時間使用できる防虫剤が近年の主流となっている．初期の蚊取り線香には除虫菊（シロバナムシヨケギク）の乾燥粉末が練りこまれており，有効成分としてピレスロイドと呼ばれる化合物群が含まれていた. 除虫菊にはピレトリン(pyrethrin) IおよびIIを主成分（図 8.7）として6種類の天然ピレスロイドが含まれ，いずれも昆虫に対して即効性の殺虫活性を示す．そのため明治初期に日本に導入され蚊取り線香が開発されて以来，家庭用防虫剤として広く使われてきた．製造拡大に伴い日本各地で栽培され，除虫菊粉や除虫菊抽出物が開発されるに伴い，農薬としても使われるようになった．しかし，化学的に不安定で残効性が短いことや高価なこと，第二次世界大戦後にはピレトリンの合成技術が確立したことなどから国内での除虫菊栽培は行われなくなった．一方で，ニコチン同様に農薬のリード化合物とされ，合成ピレスロイド（図 8.7）と呼ばれる一連の化合物が開発された．現在使われている蚊取り線香にはアレスリン（allethrin）が含まれ，電気式防虫剤にはメトフルトリン（metofluthrin）などが使われることが多い．また，農業においても化学的不安定さが改善されたエトフェンプロックス（etofenprox）などが使われている．一方で，除虫菊抽出物は天然物であることから有機農産物の栽培に使用できる農薬として有機JAS規格に定められ，現在でも少ないながら使用されている．先に述べたニコチンは有機物であるにもかか

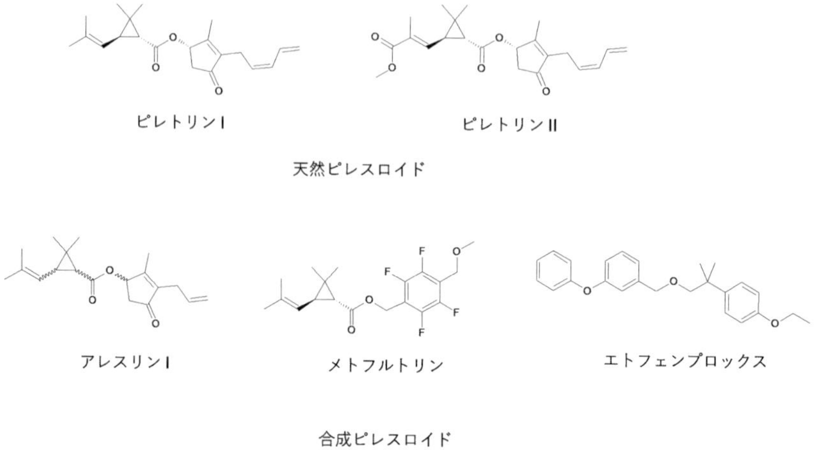

ピレトリンI　　ピレトリンII

天然ピレスロイド

アレスリンI　　メトフルトリン　　エトフェンプロックス

合成ピレスロイド

図 8.7　天然ピレスロイドと合成ピレスロイド

わらずその人畜に対する毒性の高さから使用されなくなった．しかし天然ピレスロイドは人畜に対して毒性が低く有機栽培の理念にも合致するため，現在でも有機栽培をし好する農家や消費者に受け入れられている．

□ 8.2.3　バッタも食べないインドセンダン

旧約聖書の『出エジプト記』には，バッタが大発生し大群が移動しながら農作物を食べつくす，飛蝗（ひこう）による被害が記されている．このようなバッタの大発生時には農作物のみでなく雑草や樹木も含めてほとんどすべての植物が食い尽くされてしまうことがあるが，インドセンダンのみがバッタの加害を受けないことが知られていた．これが注目され，サバクトビバッタの摂食阻害物質として，複雑な構造のアザジラクチン（azadirachtin）が見出された（図 8.8）．この物質は摂食阻害だけでなく脱皮阻害や致死活性をも示し，易分解性で人畜への毒性がないとされていたことから，理想的な天然由来の農薬として使用が始まった．具体的には，インドセンダンの種子を圧搾抽出したニームオイルや抽出残さのニームケーキをもとに散布剤が開発され，1990 年代から世界中で比較的自由に使用されてきた．自由に使用できたのは，ニームオイルが現地では古くから伝統薬などに利用されており安全性が予想されたことと，一部の国では植物の精油や抽出物が農薬としての規制対象外になるためである．日本においても，2000 年代には農薬登録が試みられたが，現時点で日本国内では正式な農薬としては使われていない．これはニームオイルには低いものの無視できない毒性があり，特に哺乳動物の生殖能力への悪影響が報告されたため，各国が一般農薬と同等の規制を取り始めたことが原因と考えられる．植物の防御物質は天然の有機物であり自然・人に

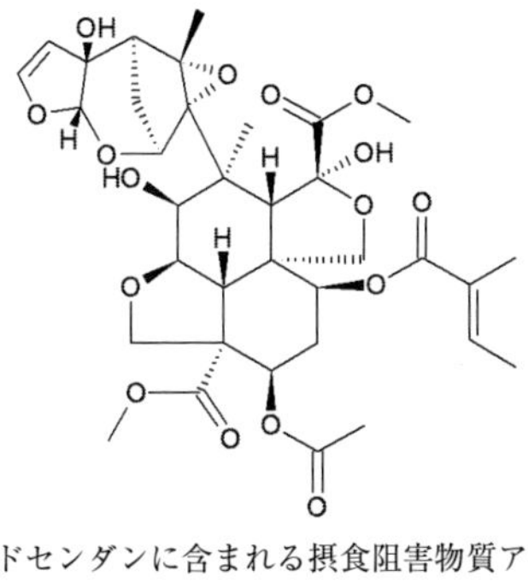

図 8.8　インドセンダンに含まれる摂食阻害物質アザジラクチン

優しいイメージがあるが，植物が進化の歴史の中で存亡をかけて作り出したものであるからその効能には人知の及ばぬこともある．利用するにあたっては十分に注意を払うべきであろう．

□ 8.2.4　野生植物の野菜化と品種改良

この節の冒頭に，野生植物を栽培化する過程で植物の抵抗性を失わせたのであるから害虫防除のためには抵抗性物質をもとにもどせばよいと述べた．実際の品種改良では抵抗性物質をマーカーに選抜を行うこともあれば，結果的に抵抗性物質の増加が抵抗性発現に寄与することもある．例えば．3.3.2 項（38 ページ）で述べたピーマンはトウガラシの辛味成分であるカプサイシン（capsaicin）を消失させた野菜品種である．防御物質であるカプサイシンを消失させただけであれば害虫抵抗性も低下するはずであるが，ピーマンは人の味覚に影響しないフラボノイドを増加させることで害虫抵抗性獲得に成功した．このような一般的な品種改良の過程で偶然獲得し残された害虫抵抗性を保持する農作物は多いものと思われる．もちろん害虫抵抗性獲得を目標とした品種改良も古くから行われ利用されている．科学技術の進展した現在では遺伝子操作による品種改良も行われ，抵抗性物質の生合成遺伝子の導入も可能である．しかし 1 化合物の生合成であっても数多くの酵素が必要であり，多数の遺伝子導入は技術的に困難が伴う．さらにたとえすべての酵素の遺伝子組換えに成功しても十分に機能するとは限らず，消費者の遺伝子組換え作物に対する拒否感とも相まって，いまだに実用化はされていない．

ここまで植物のもつ抵抗性因子を利用した害虫防除について述べてきたが，害虫が寄主選択に利用している二次代謝産物を利用できないだろうか？　例えば産卵刺激物質や摂食刺激物質が消失すれば，害虫は産卵や摂食の道しるべを失い，寄主として利用できなくなる．ただしこのとき，例えばカラシナに含まれるモンシロチョウの産卵刺激物質であるカラシ油配糖体をなくすと，モンシロチョウの産卵はなくなるが，カラシナの味わいもなくなる．このようなカラシナの特徴を無くしたカラシナは，人にとってカラシナと言えなくなるので実用的ではない．しかし，例えばアズキゾウムシの産卵刺激物質である 3 種のフラボノイドは人の味覚には影響しないため，これらが消失しても人にとってアズキはアズキであるが，アズキゾウムシにとってはアズキでなくなる．すなわち，人にとっての味覚成分はそのままに，害虫の味覚成分だけをなくす必要がある．これも現時点では実用化されていないようであるが，今後の開発が期待されるところである．

〔手林慎一〕

8.3　プッシュ-プル法

プッシュ-プル法は，総合的害虫管理（Integrated Pest Management；IPM）の戦略の一つで，害虫の忌避剤と誘引剤を同時に利用した害虫防除法である．化学生態学の粋を集めた実用例といえるかもしれない．プッシュ-プル法という言葉は，1987 年の Pyke らの論文で初めて使われたといわれている．プッシュ-プル法が考案された背景には，殺虫剤の過度の使用により害虫に殺虫剤抵抗性が発達する問題があり，殺虫剤のみによる害虫防除の代替法が現実的に求められたという事情がある．Pyke et al.（1987）は，昆虫の多くが忌避するアザジラクチンを含むニーム抽出液を使ってワタ畑からワタの害虫であるタバコガを追いやり，同時にワタ畑の周りに植えたキマメやトウモロコシといったトラップ作物に害虫をおびき寄せることで，ワタ畑での害虫の産卵数がどちらか一つを使うときに比べ減ることを示した．トラップ作物には害虫を単におびき寄せるだけでなく，害虫ないしは次世代に残る害虫の数を減らすことが期待される．ワタの場合はトラップ作物に殺虫剤を散布することで，その効果を向上させている．結局のところ，追いやったり，おびき寄せたりして害虫の分布を変えるだけでなく，畑周辺の害虫密度を低下させることが求められる．

Pyke らの試みのように，プッシュ-プル法では，様々な物質を利用して，保護したい作物や家畜から害虫を追い払い（プッシュ），その数を減らすと同時に，追い払った害虫を別の場所にトラップ（プル）する（Cook et al., 2007）．‘プッシュ’のために使われるものは，例えば，DEET のような人工の忌避剤，警報フェロモン，摂食忌避物質や産卵阻害物質といった害虫が嫌がる物質である．害虫の非寄主のにおいも利用されることがある．これは非寄主のにおいにより寄主のにおいがマスクされたり，非寄主を避ける効果が期待できるためである．害虫にとってあまり魅力的ではない品種を利用することもある．一方，害虫を‘プル’するための手段として，集合フェロモンや性フェロモン，産卵刺激物質など害虫に好まれる物質が利用される．嗅覚刺激の効果をより高めるため，視覚刺激を加えることもある．吸血性のハエの誘引には寄主である哺乳類に由来する CO_2 が利用されることもある．植物の HIPVs（第 4 章参照）は時として植食者を忌避する効果があり，植食者の種によっては反対に誘引効果がある．一方で，一般にHIPVsには植食者の天敵を誘引する効果があり，天敵を誘引し植食者の数を減らす効果を期待して利用されることもある．このように害虫の行動だけでなく，益虫を呼び寄せることもプッシュ-プル法に組み込まれている．

プッシュ-プル法は，農業害虫であるコロラドハムシ（ジャガイモ）やタマネギバエ（タマネギ）の防除や，吸血性のカやハエの防除にも利用されている（Cook et al., 2007）．その中で，最も有名な事例はアフリカ・サブサハラ地域でのトウモロコシやソルガムの栽培におけるプッシュ-プル法の導入であろう（Cook et al., 2007; Khan et al., 2016）．この地域はシンクイムシ（土着の*Busseola fusca*や外来種の*Chilo partellus*など）による被害で大きな食料不安を抱えていた．この問題にケニアにあるICIPE（International Centre of Insect Physiology and Ecology）とイギリスのローザムステッド研究所が共同して取り組み，プッシュ-プル法で大きな成果を挙げている．‘プッシュ’と‘プル’に在来の植物をコンパニオンプランツとして利用し，安価に害虫を制御しようとする試みであった．シンクイムシが忌避する植物をトウモロコシなど作物と混植することで害虫を畑から追い払い，トウモロコシ畑の周囲にシンクイムシが好む植物を植えることで，そちらにシンクイムシを引き込むために，在来の植物がスクリーニングされた．その中で，‘プッシュ’にはイネ科のモラレスグラス*Melinis minutiflora*やマメ科のヌスビトハギ*Desmodium uncinatum*，*D. intortum*が利用されるようになった．モラレスグラスは食害を受けたトウモロコシが放出するHIPVsである（*E*)-オシメンとDMNTを放出するため，シンクイムシがそのにおいを忌避すると考えられている．HIPVsは既に食害を受けていたり，既に植物が誘導防御を始めているシグナルと認識されるためである．一方，このにおいにはシンクイムシの幼虫に寄生する寄生バチ*Cotesia sesaminae*が誘引され，混植によりシンクイムシの被害が激減する．ヌスビトハギの混植もシンクイムシの被害を軽減し，それに加え寄生植物のストライガの被害を少なくする．これはヌスビトハギの根からしみ出るフラボノイドがストライガの発芽を誘導し，自殺させるからと考えられている．ストライガもアフリカでは大きな問題になっている．加えて，マメ科植物は窒素固定により土壌の状態をよくし，作物の生育を向上させる効果もある．一方，‘プル’にはイネ科のネピアグラス*Pennisetum purpureum*とスダングラス*Sorghum sudanense*が用いられる．ネピアグラスはシンクイムシの雌成虫を誘引する‘みどりの香り’を放出することが知られている．またネピアグラスは粘着性の物質を作るため，シンクイムシ幼虫が茎に潜ろうとするときに幼虫の動きを妨げる．さらにネピアグラスは栄養価も低く，幼虫の生育には適していない．このようにトラップ作物に害虫が産卵をするものの，孵化した幼虫の生育にとってトラップ作物があまり好ましくないという特徴は，トラップ作物として理想的である．スダングラスはシンクイムシ幼虫の生育には影響を及ぼさないものの，幼虫の天敵を誘引するため，ネピアグラスとは異なる特徴によりトラップ作物に適している．天然資源の特性をうまく利用することで，害虫密度を低下させることに見事成功している例である．また，ネピアグラスなどのコンパニオンプランツは飼い葉としても利用され，それにより農家は牛乳生産でも副収入を得ることができる．こうした様々なプラスの要素がサブサハラ地域でプッシュ-プル法が大きく成功した要因と考えられる．

〔野下浩二〕

8.4 天 敵 の 誘 引

第 4 章で述べたように，植物は植食者に食害されると植食者の天敵を誘引する HIPVs を放出することが多くの例で示されている．そこでこれらの HIPVs の化学構造を明らかにし，合成の HIPVs を作成して天敵の誘引に用いることが

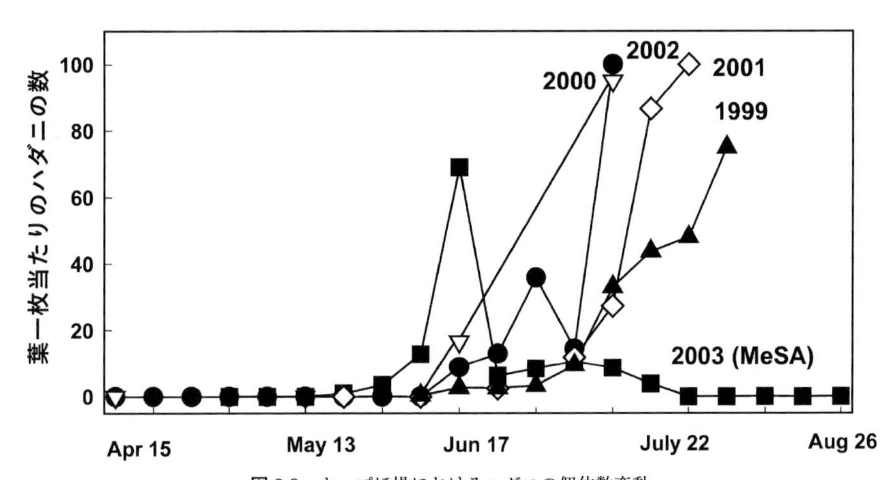

図 8.9　ホップほ場におけるハダニの個体数変動

1999 年から 2002 年まではサリチル酸メチルを使用していない．2003 年（■-■の折れ線）にサリチル酸メチルを用いたところ，ハダニの個体数を低密度に維持できた（James and Price, 2004）．

できれば，天敵が攻撃する害虫の密度を抑制することが可能になる．例えばアメリカ合衆国・ワシントン州のホップ栽培ほ場にHIPVsの一つであるサリチル酸メチルを主成分にした天敵誘引剤を設置したところ，クサガゲロウ，テントウムシ，ヒラタアブ，ヒメハナカメムシなどの天敵が増え，害虫であるアブラムシやハダニの密度が減少した．ハダニについては密度が経済的被害許容水準以下である葉1枚当たり10匹以下にまで低下した（図8.9，James and Price, 2004）．その後色々な作物ほ場においてサリチル酸メチルを主成分にした天敵誘引剤の効果が試され，アメリカでは商品化されPredalure®の名で市販されている．この誘引剤をホップほ場に設置するとテントウムシ，クサガゲロウ，ヒラタアブ，ヒメハナカメムシやカブリダニなどの捕食性天敵が誘引される．

ただ，注意が必要なのは，HIPVsの中には天敵の天敵をも誘引してしまうことがある点である．ニュージーランドのカブほ場における野外実験において，サリチル酸メチルがコナガの天敵である寄生バチを誘引するが，同時にアブラムシの捕食性天敵であるクサカゲロウに寄生する寄生バチをも誘引することが示されている（Orre et al., 2010）．

〔中牟田　潔〕

参考文献

Abderemane-Ali, F., Rossen, N. D., Kobiela, M. E. et al.（2021）Evidence that toxin resistance in poison birds and frogs is not rooted in sodium channel mutations and may rely on "toxin sponge" proteins. *J. Gen. Physiol.,* **153**: e202112872.

Achiraman, S., Archunan, G., Ponmanickam, P. et al.（2010）1-Iodo-2 methylundecane [1I2MU]: An estrogen-dependent urinary sex pheromone of female mice. *Theriogenol.,* **74**: 345-353.

Aggio, J., Derby, C. D.（2011）Chemical communication in lobsters. In Breithaupt, T., Thiel, M. eds., Chemical Communication in Crustaceans. pp. 239-256, Springer.

Akizawa, T., Usuhara, T., Kato, R. et al.（1985）Novel polyhydroxylated cardiac steroids in the nuchal glands of the snake, *Rhabdophis tigrinus. Biomed. Res.,* **6**: 437-441.

Alborn, H. T., Turlings, T. C. J., Jones, T. H. et al.（1997）An elicitor of plant volatiles from beet armyworm oral secretion. *Science,* **276**: 945-949.

Alborn H. T., Hansen T. V., Jones, T. H. et al.（2007）Disulfooxy fatty acids from the American bird grasshopper *Schistocerca americana,* elicitors of plant volatiles. *Proc. Natl. Acad. Sci. U.S.A.,* **104**: 12976-12981.

Alexander, B. H., Beroza, M., Oda, T. A. et al.（1962）Insect attractants, the development of male melon fly attractants. *J. Agric. Food Chem.,* **10**: 270-276.

AmphibiaWeb, https://amphibiaweb.org/

Arakaki, N., Wakamura, S., Yasuda, T.（1996）Phoretic egg parasitoid, *Telenomus euproctidis*（Hymenoptera: Scelionidae）uses sex pheromone of the tussock moth *Euproctis tawiana*（Lepidoptera: Lymantriidae）as a kairomone. *J. Chem. Ecol.,* **22**: 1079-1085.

Arakaki, N., Wakamura, S, Yasuda, T. et al.（1997）Two regional strains of a phoretic egg parasitoid, *Telenomus euproctis*（Hymenoptera: Scelionidae）, that use different sex pheromones of two allopatric tussock moth species as kairomones. *J. Chem. Ecol.,* **23**: 153-161.

Arakaki, N., Hokama, Y., Nagayama, A. et al.（2013）Mating disruption for control of the white grub beetle *Dasylepida ishigakiensis*（Coleoptera: Scarabaeidae）with synthetic sex pheromone in sugarcane fields. *Appl. Entomol. Zool.,* **48**: 441-446.

荒川修（2017）フグの毒テトロドトキシン—保有生物やフグ食文化との興味深い関わり合い. 化学と教育, **65**: 224-227.

Archunan, G., Kumar, R. K.（2012）1-Iodoundecane, an estrus indicating urinary chemo signal in Bovine（*Bos taurus*）. *J. Vet. Sci. Technol.,* **3**: 121-123.

Arimura, G.（2021）Making sense of the way plants sense herbivores. *Trends Plant Sci.,* **26**: 288-298.

Arimura, G., Ozawa, R., Shimoda, T. et al.（2000）Herbivory-induced volatiles elicit defense genes in lima bean leaves. *Nature,* **406**: 512-515.

Baldwin, I. T., Schultz, J. C.（1983）Rapid changes in tree leaf chemistry induced by damage: Evidence for communication between plants. *Science,* **221**: 277-279.

Ballaré C. L. (2011) Jasmonate-induced defenses: A tale of intelligence, collaborates and rascals. *Trends Plant Sci.,* **16**: 249-257.

Bodawatta, K. H., Hu, H., Schalk, F. et al. (2023) Multiple mutations in the Nav1.4 sodium channel of New Guinean toxic birds provide autoresistance to deadly batrachotoxin. *Mol. Ecol.,* **33**: e16878.

Borg-Karlson, A.-K. (1990) Chemical and ethological studies of pollination in the genus *Ophrys* (orchidaceae). *Phytochem.,* **29**: 1359-1387.

Brévault, T., Quilici, S. (2007) Visual response of the tomato fruit fly, *Neoceratitis cyanescens,* to colored fruit models. *Entomol. Exp. Appl.,* **125**: 45-54.

Būda, V, Mozūraitis, R., Kutra, J. et al. (2012) *p*-Cresol: A sex pheromone component identified from the estrous urine of mares. *J. Chem. Ecol.,* **38**: 811-813.

Butenandt, A., Beckmann, R., Stamm, D. et al. (1959) Über den sexual-lockstoff des seidenspinners *Bombyx mori*– reindarstellung und konstitution. *Z. Naturforsch. Part B,* **14**: 283-284.

Chen, X., Nakamuta, K., Nakanishi, T. et al. (2006) Female sex pheromone of a carpenter moth, *Cossus insularis* (Lepidoptera: Cossidae). *J. Chem. Ecol.,* **32**: 669-679.

Cook, S. M., Khan, Z. R., Pickett, J. A. (2007) The use of push-pull strategies in integrated pest management. *Annu. Rev. Entomol.,* **52**: 375-400.

Czaczkes, T. J., Grüter, C., Ratnieks, F. L. W. (2015) Trail pheromones: an integrative view of their role in social insect colony organization. *Ann. Rev. Entomol.,* **60**: 581-599.

Crump, D., Silverstein, R. M., Williams, H. J. et al. (1987) Identification of trail pheromone of larva of eastern tent caterpillar, *Malacosoma americanum* (Lepidoptera: Lasiocampidae). *J. Chem. Ecol.,* **13**: 397-402.

Dawson, G. W., Griffiths, D. C., Janes, N. F. et al. (1987) Identification of an aphid sex pheromone. *Nature,* **325**: 614-616.

Demir, E., Li, K., Bobrowski-Khoury, N. et al. (2020) The pheromone darcin drives a circuit for innate and reinforced behaviours. *Nature,* **578**: 137-141.

De Moraes, C. M., Mescher, M. C., Tumlinson, J. (2001) Caterpillar-induced nocturnal plant volatiles repel conspecific females. *Nature,* **410**: 577-580.

Dicke M., van Beek, T. A., Posthumus, M. A. et al. (1990) Isolation and identification of volatile kairomone that affects acarine predator-prey interactions: Involvement of host plant in its production. *J. Chem. Ecol.,* **16**: 381-396.

Dumbacher, J. P., Beehler, B. M., Spande, T. F. et al. (1992) Homobatrachotoxin in the genus *Pitohui*: chemical defense in birds? *Science,* **258**: 799-801.

Dumbacher, J. P., Deiner, K., Thompson, L. et al. (2008) Phylogeny of the avian genus *Pitohui* and the evolution of toxicity in birds. *Mol. Phylogenet. Evol.,* **49**: 774-781.

Dumbacher, J. P., Menon, G. K., Daly, J. W. (2009) Skin as a toxin storage organ in the endemic New Guinean genus *Pitohui. The Auk,* **126**: 520-530.

Engelberth, J., Alborn, H. T., Schmelz, E. A. et al. (2004) Airborne signals prime plants against insect herbivore attack. *Proc. Natl. Acad. Sci. U.S.A.,* **101**: 1781-1785.

Farmer, E. E., Ryan, C. A. (1990) Interplant communication: airborne methyl jasmonate induces synthesis of proteinase inhibitors in plant leaves. *Proc. Natl. Acad. Sci. U.S.A.,* **87**: 7713-7716.

Ferrero, D. M., Lemon, J. K., Fluegge, D. et al. (2011) Detection and avoidance of a carnivore odor by prey. *Proc. Natl. Acad. Sci. U.S.A.,* **108**: 11235-11240.

Fitzgerald, T. D. (2008) Use of pheromone mimic to cause the disintegration and collapse of colonies of tent caterpillars (*Malacosoma* spp.). *J. Appl. Entomol.,* **132**: 451-460.

Frost, C. J., Mescher, M. C., Carlson, J. E. et al. (2008) Plant defense priming against herbivores: Getting ready for a different battle. *Plant Physiol.,* **146**: 818-824.

Gall, B. G., Stokes, A. N., Brodie III, E. D. et al. (2022) Tetrodotoxin levels in lab-reared rough-skinned newts (*Taricha granulosa*) after 3 years and comparison to wild-caught juveniles. *Toxicon,* **213**: 7-12.

Gibson, R. W., Pickett, J. A. (1983) Wild potato repels aphids by release of aphid alarm pheromone. *Nature,* **302**: 608-609.

Gosner, K. L. (1960) A simplified table for staging anuran embryos and larvae with notes on identification. *Herpetologica,* **16**: 183-190.

Green T. R., Ryan C. A. (1972) Wound-induced proteinase inhibitor in plant leaves: Possible defense mechanism against insects. *Science,* **175**: 776-777.

Greene, M. J., Gordon, D. M. (2003) Cuticular hydrocarbons inform task decisions. *Nature,* **423**: 32-32.

Greenwood, D. R., Comeskey, D., Hunt, M. B. et al. (2005) Chirality in elephant pheromones. *Nature,* **438**: 1097-1098.

Guerrieri, F. J., Nehring, V., Jørgensen, C. G. et al. (2009) Ants recognize foes and not friends. *Proc. R. Soc. B,* **276**: 2461-2468.

Gupta, P. D., Thorsteinson, A. J. (1960) Food plant relationships of the diamond-back moth (*Plutella maculipennis* (Curt.)) II. Sensory regulation of oviposition of the adult female. *Entomol. Exp. Appl.,* **3**: 305-314.

浜村保次 (1963) カイコの摂食機構と人工飼料, 化学と生物, **1**: 364-370.

Harborne, J. B. (1977) Introduction to Ecological Biochemistry. 243 pp. Academic Press.

Harris, M. O., Miller, J. R. (1983) Color stimuli and oviposition behavior of the onion fly, *Delia antiqua* (Meigen) (Diptera: Anthomyiidae). *Ann. Entomol. Soc. Am.,* **76**: 766-771.

Harris, M. O., Miller, J. R. (1984) Foliar form influences ovipositional behaviour of the onion fly. *Physiol. Entomol.,* **9**: 145-155.

畑中顯和 (2007) "みどりの香り"の研究―その神秘性にせまる. におい・かおり環境学会誌, **38**: 415-427.

Hayashi, M., Nakamuta, K., Nomura, M. (2015) Ants learn aphid species as mutualistic partners: Is the learning behavior species-specific? *J. Chem. Ecol.,* **41**: 1148-1154.

Haynes, K. F., Yeargan, K. V. (1999) Exploitation of intraspecific communication systems: Illicit signalers and receivers. *Annal. Entomol. Soc. Am.,* **92**: 960-970.

Himuro, C., Kohama, T., Matsuyama, T. et al. (2022) First case of successful eradication of the sweet potato weevil, *Cylas formicarius* (Fabricius), using the sterile insect technique. *PLoS ONE,* **17**: e0267728.

平野千里 (1971) 昆虫と寄主植物, 202, 共立出版.

Hoffman, G. D., McEvoy, P. B. (1985) The mechanism of trichome resistance in *Anaphalis margaritacea* to the meadow spittlebug *Philaenus spumarius. Entomol. Exp. Appl.,* **39**: 123-129.

Hojo, M. K. (2022) Evolution of chemical interactions between ants and their mutualist partners. *Curr. Opin. Insect Sci.,* **52**: 100943.

Hölldobler, B., Wilson, E. O. (2009) The Superorganism: The beauty Elegance and Strangeness of Insect Societies. 522 pp. W. W. Norton & Company.

Holman, L., Jørgensen, C. G., Nielsen, J. et al.（2010）Identification of an ant queen pheromone regulating worker sterility. *Proc. R. Soc. B,* **277**: 3793-3800.

本田計一, 村上忠幸（2005）ワンダフル・バタフライ，237 pp. 化学同人.

Howe, G. A., Jander, G.（2008）Plant immunity to insect herbivores. *Annu. Rev. Plant. Biol.,* **59**: 41-66.

Howlett, F. M.（1915）Chemical reactions of fruitflies. *Bull. Entomol. Res.,* **6**: 297-305.

Huang, X., Renwick, J. A. A.（1993）Differential selection of host plants by two *Pieris* species: the role of oviposition stimulants and deterrents. *Entomol. Exp. Appl.,* **68**: 59-69.

Huang, X., Renwick, J. A. A.（1994）Relative activities of glucosinolates as oviposition stimulants for *Pieris rapae* and *P. napi oleracea. J. Chem. Ecol.,* **20**: 1025-1037.

Huang, X., Renwick J. A. A., Sachdev-Gupta, K.（1993）A chemical basis for differential acceptance of *Erysimum cheiranthoides* by two *Pieris* species. *J. Chem. Ecol.,* **19**: 195-210.

Hutchinson, D. A., Savitzky, A. H., Mori, A. et al.（2012）Chemical investigations of defensive steroid sequestration by the Asian snake *Rhabdophis tigrinus. Chemoecol.,* **22**: 199-206.

市川耕治，飯田史生，深谷雅博（2002）複合性フェロモンによるキャベツ鱗翅目害虫の防除. 愛知県農業総合試験場研究報告, **34**: 91-97.

Igarashi-Hashiyama, A., Nomura, M., Hayashi, M. et al.（2022）Perception of heterospecific sex pheromone causes less effective mating disruption in the beet semilooper, *Autographa nigrisigna*（Lepidoptera: Noctuidae）. *J. Chem. Ecol.,* **48**: 1-6.

Inagaki, H., Kiyokawa, Y., Tamogami, S. et al.（2014）Identification of a pheromone that increases anxiety in rats. *Proc. Natl. Acad. Sci. U.S.A.,* **111**: 18751-18756.

Inoue, T., Nakata, R., Savitzky, A. H. et al.（2021）New insights into dietary toxin metabolism: diversity in the ability of the natricine snake *Rhabdophis tigrinus* to convert toad-derived bufadienolides. *J. Chem. Ecol.,* **47**: 915-925.

Inoue, T., Mori, A., Yoshinaga, N. et al.（2023）Intrinsic factors associated with dietary toxin quantity and concentration in the nuchal glands of a natricine snake *Rhabdophis tigrinus. J. Chem. Ecol.,* **49**: 133-141.

Irmisch, S., McCormick, A. C., Boeckler, G. A. et al.（2013）The herbivore-induced cytochrome P450 enzymes CYP79D6 and CYP79D7 catalyze the formation of volatile aldoximes involved in poplar defense. *Plant Cell,* **25**: 4737-4754.

Irmisch, S., McCormick, A. C., Günther, J. et al.（2014）Herbivore-induced poplar cytochrome P450 enzymes of the CYP71 family convert aldoximes to nitriles which repel a generalist caterpillar. *Plant J.,* **80**: 1095-1107.

石井象二郎（1952）アズキゾウムシの寄主選好に関する研究．農業技術研究所報告，**1**: 185-256.

Ishiwatari, T.（1974）Studies on the scent of stink bugs（Hemiptera: Pentatomidae）I. Alarm pheromone activity. *Appl. Entomol. Zool.,* **9**: 153-158.

Jackson, B. D., Morgan, D. E.（1993）Insect chemical communication: pheromones and exocrine glands of ants. *Chemoecol.,* **4**, 125-144.

James, D. G., Price, T. S.（2004）Field testing of methyl salicylate for recruitment and retention of beneficial insects in grapes and hops. *J. Chem. Ecol.,* **30**: 1613-1628.

Jemiolo, B., Alberts, J., Sochinski-Wiggins, S. et al.（1985）Behavioural and endocrine responses of female mice to synthetic analogues of volatile compounds in male urine.

Anim. Behav., **33**: 1114-1118.
Jemiolo, B., Xie, T. M., Novotony, M. (1991) Socio-sexual olfactory preference in female mice: Attractiveness of synthetic chemosignals. *Physiol. Behav.,* **50**: 1119-1122.
Jones, R. L., Lewis, W. J., Beroza, M. et al. (1973) Host-Seeking stimulants (Kairomones) for the egg parasite, *Trichogramma evanescens. Environ. Entomol.,* **2**: 593-596.
Jurenka, R. A. (2021) Lepidoptera: Female sex pheromone biosynthesis and its hormonal regulation. In Blomquist, C. J. and Vogt, R. G. eds., Insect Pheromone Biochemistry and Molecular Biology, 2nd edition, pp. 13-88, Academic Press.
Kamio, M., Yambe, H., Fusetani, N. (2022) Chemical cues for intraspecific chemical communication and interspecific interactions in aquatic environments: Applications for fisheries and aquaculture. *Fisheries Sci.,* **88**: 203-239.
Karasov, T. L., Chae, E., Herman, J. H. et al. (2017) Mechanisms to mitigate the trade-off between growth and defense. *Plant Cell,* **29**: 666-680.
Karban, R., Yang, L. H., Edwards, K. F. (2014) Volatile communication between plants that affects herbivory: A meta-analysis. *Ecol. Lett.,* **17**: 44-52.
Karlson, P., Lüscher, M. (1959) 'Pheromones': a new term for a class of biologically active substances. *Nature,* **183**: 55-56.
Kashiwagi, T., Horibata Y., Mekuria D. B. et al. (2005) Ovipositional deterrent in the sweet pepper, *Capsicum annuum,* at the mature stage against *Liriomyza trifolii* (Burgess). *Biosci. Biotechnol. Biochem.,* **69**: 1831-1835.
Kay, I. R., Noble, R. M., Twine, P. H. (1980) The effect of gossypol in artificial diet on the growth and development of *Heliothis punctigera* Wallengren and *H. armigera* (Hubner) (Lepidoptera: Noctuidae). *J. Aust. Entomol. Soc.,* **18**: 229-232.
Kessler, A. Baldwin, I. T. (2001) Defensive function of herbivore-induced plant volatile emission in nature. *Science,* **291**: 2141-2144.
Khan, Z., Midega, C. A. O., Hooper, A. et al. (2016) Push-pull: Chemical ecology-based integrated pest management technology. *J. Chem. Ecol.,* **42**: 689-697.
Kimoto, H., Haga, S., Sato, K. et al. (2005) Sex-specific peptides from exocrine glands stimulate mouse vomeronasal sensory neurons. *Nature,* **437**: 898-901.
Klun, J. A., Plimmer, J. R., Bierl-Leonhardt, B. A. et al. (1979) Trace chemicals: The essence of sexual communication systems in *Heliothis* species. *Science,* **204**: 1328-1330.
Kojima, Y., Mori, A. (2015) Active foraging for toxic prey during gestation in a snake with maternal provisioning of sequestered chemical defences. *Proc. R. Soc. B,* **282**: 20142137.
古前恒 (1996) 化学生態学への招待, pp. 200-202, 三共出版.
Konno, K., Hirayama, C., Nakamura, M. et al. (2004) Papain protects papaya trees from herbivorous insects: Role of cysteine proteases in latex. *Plant J.,* **37**: 370-378.
Konno, K., Hirayama, C., Shinbo, H. et al. (2009) Glycine addition improves feeding performance of non-specialist herbivores on the privet, *Ligustrum obtusifolium*: In vivo evidence for the physiological impacts of anti-nutritive plant defense with iridoid and insect adaptation with glycine. *Appl. Entomol. Zool.,* **44**: 595-601.
Konno, K., Inoue, T. A., Nakamura, M. (2014) Synergistic defensive function of raphides and protease through the needle effect. *PLOS ONE,* **9**: e91341.
Koo, A. J. K., Howe, G. A. (2009) The wound hormone jasmonate. *Phytochemistry,* **70**: 1571-1580.
Kuć, J. (1995) Phytoalexins, stress metabolism, and disease resistance in plants. *Annu. Rev. Phytopathol.,* **33**: 275-297.

工藤雄大，山下まり（2022）陸棲イモリが有する神経毒テトロドトキシンの謎—化合物探索によるテトロドトキシン生合成へのアプローチ．化学と生物, **60**: 440-442.

Kugimiya, S., Shimoda, T., Tabata, J. et al.（2010）Present or past herbivory: A screening of volatiles released from *Brassica rapa* under caterpillar attacks as attractants for the solitary parasitoid, *Cotesia vestalis. J. Chem. Ecol.,* **36**: 620-628.

Kumazaki, M., Matsuyama, S., Suzuki, T. et al.（2000）Parasitic wasp, *Dinarmus basalis,* utilizes oviposition-marking pheromone of host azuki bean weevils as host-recognizing kairomone. *J. Chem. Ecol.,* **26**: 2677-2695.

Lanan, M.（2014）Spatiotemporal resource distribution and foraging strategies of ants（Hymenoptera: Formicidae）. *Myrmecol. News,* **20**: 53-70.

Leal, W. S., Higuchi, H., Mizutani, N. et al.（1995）Multifunctional communication in *Riptortus clavatus*（Heteroptera: Alydidae）: Conspecific nymphs and egg parasitoid *Ooencyrtus nezarae* use the same adult attractant pheromone as chemical cue. *J. Chem. Ecol.,* **21**: 973-985.

LeBoeuf, A. C., Waridel, P., Brent, C. S. et al.（2016）Oral transfer of chemical cues, growth proteins and hormones in social insects. *eLife,* **5**: e20375.

Le Conte, Y., Bécard, J. M., Costagliola, G. et al.（2006）Larval salivary glands are a source of primer and releaser pheromone in honey bee（*Apis mellifera* L.）. *Naturwissenschaften,* **93**: 237-241.

Leonhardt, S. D., Menzel, F., Nehring, V. et al.（2016）Ecology and evolution of communication in social insects. *Cell,* **164**: 1277-1287.

Li, j., Wakui, R., Horie, M. et al.（2010a）Feeding stimulant in *Cinnamomum camphora* for the common bluebottle, *Graphium sarpedon nipponum*（Lepidoptera: Papilionidae）. *Z. Naturforschung,* 9-10: 571-576.

Li, J., Wakui, R. Tebayashi, S et al.（2010b）Volatile attractants for the common bluebottle, *Graphium sarpedon nipponum,* from the host, *Cinnamomum camphora. Biosci. Biotechnol. Biochem.,* **74**: 1987-1990.

Li, Q., Korzan, W. J., Ferrero, D. M. et al.（2013）Synchronous evolution of an odor biosynthesis pathway and behavioral response. *Curr. Biol.,* **23**: 11-20.

Lin, D. Y., Zhang, S. Z., Block, E. et al.（2005）Encoding social signals in the mouse main olfactory bulb. *Nature,* **434**: 470-477.

Márquez, R.（2021）How do batrachotoxin-bearing frogs and birds avoid self intoxication? *J. Gen. Physiol.*, **153**: e202112988.

Matsumoto, H., Tebayashi, S. Kuwahara, Y. et al.（1994）Identification of taxifolin present in the azuki bean as an oviposition stimulant of the azuki bean weevil. *J. Pest. Sci.,* **19**: 181-186.

Menon, G. K., Dumbacher, J. P.（2014）A 'toxin mantle' as defensive barrier in a tropical bird: evolutionary exploitation of the basic permeability barrier forming organelles. *Exp. Dermatol.,* **23**: 288-290.

Michael, R., Keverne, E. B., Bonsall, R. W.（1971）Pheromones: Isolation of male sex attractants from a female primate. *Science,* **172**: 964-966.

南島誠，荒川昭弘，岡崎一博ら（2004）ナシヒメシンクイにおける交信かく乱効果の簡便な評価法．応動昆, **48**: 201-205.

Mithöfer, A., Boland, W.（2008）Recognition of herbivore-associated molecular patterns. *Plant Physiol.,* **146**: 825-831.

Mithöfer, A., Boland, W.（2012）Plant defense against herbivores: chemical aspects. *Annu.*

Rev. Plant Biol., **63**: 431-450.
望月文昭，野口浩（2003）二種類のチャノコカクモンハマキ用交信かく乱剤のかく乱効果．植物防疫, **57**: 21-23.
Mohammadi, S., Gompert, Z., Gonzalez, J. et al.（2016）Toxin-resistant isoforms of Na^+/K^+-ATPase in snakes do not closely track dietary specialization on toads. *Proc. Biol. Sci.,* **283**: 20162111.
Mori, A., Burghardt, G. M.（2017）Do tiger keelback snakes（*Rhabdophis tigrinus*）recognize how toxic they are? *J. Comp. Psychol.,* **131**: 257-265.
Mori, A., Burghardt, G. M., Savitzky, A. H. et al.（2012）Nuchal glands: a novel defensive system in snakes. *Chemoecol.,* **22**: 187-198.
Mori, A., Jono, T., Ding, L. et al.（2016）Discovery of nucho-dorsal glands in *Rhabdophis adleri. Curr. Herpetol.,* **35**: 53-58.
Mosher, H.S., Fuhrman, F. A., Buchwald, H. D. et al.（1964）Tarichatoxin-tetrodotoxin: A potent neurotoxin: A nonprotein substance isolated from the California newt is the same as the toxin from the puffer fish. *Science,* **144**: 1100-1110.
Murata, K., Tamogami, S., Itou, M. et al.（2014）Identification of an olfactory signal molecule that activates the central regulator of reproduction in goats. *Curr. Biol.,* **24**: 681-686.
中西友章，武知耕二，辻雅人ら（2018）ヒメボクトウに対する性フェロモン剤を用いた交信かく乱の実証試験とナシ生産者による効果の評価．四国植物防疫研究, **52**: 9-16.
二階堂雅人（2023）あらゆる脊椎動物が共有するフェロモン受容体．科学, **93**: 408-413.
西田律夫（1995）共進化の謎に迫る—化学の目で見る生態系（高林純示，西田律夫，山岡亮平著），pp. 12-102，平凡社.
Njagi, P. G. N., Torto, B.（1996）Responses of nymphs of desert locust, *Schistocerca gregaria* to volatiles of plants used as rearing diet. *Chemoecol.,* **7**: 172-178.
Noge, K., Tamogami, S.（2013）Herbivore-induced phenylacetonitrile is biosynthesized from de novo-synthesized L-phenylalanine in the giant knotweed, *Fallopia sachalinensis. FEBS Lett.,* **587**: 1811-1817.
Noge, K., Tamogami, S.（2018）Isovaleronitrile co-induced with its precursor, L-leucine, by herbivory in the common evening primerose stimulates foraging behavior of the predatory blue shield bug. *Biosci. Biotechnol. Biochem.,* **82**: 395-406.
大島康平（1975）アズキゾウムシは産卵したアズキをなぜ避けるか．植物防疫，**29**: 61-63.
Ollerton, J., Winfree, R., Tarrant, S.（2011）How many flowering plants are pollinated by animals? *Oikos,* **120**: 321-326.
Orre, G. U. S., Wratten, S. D., Jonsson, M. et al.（2010）Effects of an herbivore-induced plant volatile on arthropods from three trophic levels in brassicas. *Biol. Control,* **53**: 62-67.
Osada, K., Kurihara, K., Izumi, H. et al.（2013）Pyrazine analogues are active components of wolf urine that induce avoidance and freezing behaviours in mice. *PLOS ONE,* **8**: e61753.
Paré, P. W., Tumlinson, J. H.（1999）Plant volatiles as a defense against insect herbivores. *Plant Physiol.,* **121**: 325-332.
Pearce, G. P., Hughes, P. E.（1987）An investigation of the roles of boar-component stimuli in the expression of proceptivity in the female pig. *Appl. Anim. Behav. Sci.,* **18**: 287-299.
Pearce G., Strydom, D., Johnson, S. et al.（1991）A polypeptide from tomato leaves induces

wound-inducible proteinase-inhibitor proteins. *Science,* **253**: 895-897.

Piao, Y., Chen, Z., Wu, Y. et al. (2020) A new species of the genus *Rhabdophis* Fitzinger, 1843 (Squamata: Colubridae) in southwestern Sichuan, China. *Asian Herpetol. Res.,* **11**: 95-107.

Pierce, N. E., Braby, M. F., Heath, A. et al. (2002) The ecology and evolution of ant association in the Lycaenidae (Lepidoptera). *Ann. Rev. Entomol.,* **47**: 733-771.

Prokopy, R. J. (1968). Visual responses of apple maggot flies, *Rhagoletis pomonella* (Diptera: Tephritidae) : Orchard studies. *Entomol. Exp. Appl,* **11**: 403-422.

Pyke, B., Rice, M., Sabine, B. et al. (1987) The push-pull strategy-behavioral control of *Heliothis. Aust. Cotton Grow.,* **9**: 7-9.

Rasmann, S., Köllner, T. G., Degenhardt, J. et al. (2005) Recruitment of entomopathogenic nematodes by insect-damaged maize roots. *Nature,* **434**: 732-737.

Rasmussen, L. E. L., Lee, T. D., Roelofs, W. L. et al. (1996) Insect pheromone in elephants. *Nature,* **379**: 684.

Ratnieks, F. L. W. (1988) Reproductive harmony via mutual policing by workers in eusocial Hymenoptera. *Am. Nat.,* **132**: 217-236.

Reed, D. W., Pivnick, K. A., Underhill, E. W. (1989) Identification of chemical imposition stimulants for the diamondback moth, *Plutella xylostella,* present in three species of Brassicaceae. *Entomol. Exp. Appl.,* **53**: 277-286.

Reymond, P. (2021) Receptor kinases in plant responses to herbivory. *Curr. Opin. Biotechnol.,* **70**: 143-150.

Roberts, S., Simpson, D. M., Armstrong, S. D. et al (2010) Darcin: A male pheromone that stimulates female memory and sexual attraction to an individual male's odour. *BMC Biol.,* **8**: 75.

Rodriguez-Saona, C., Kaplan, I., Braasch, J. et al. (2011) Field responses of predaceous arthropods to methyl salicylate: A meta-analysis and case study in cranberries. *Biol. Control,* **59**: 294-303.

Rossi, N., Baracchi, D., Giurfa, M. et al. (2019) Pheromone-induced accuracy of nestmate recognition in carpenter ants: simultaneous decrease in type I and type II errors. *Am. Nat.,* **193**: 267-278.

Rossi, N., Pereyra, M., Moauro et al. (2020) Trail pheromone modulates subjective reward evaluation in Argentine ants. *J. Exp. Biol.,* **223**: jeb230532.

Rudinsky, J. A., Furniss, M. M., Kline, L. N. et al (1972) Attraction and repression of *Dendroctonus pseudotsugae* (Coleptera: Scolytidae) by three synthetic pheromones in traps in Oregon and Idaho. *Can. Entomol.,* **104**: 815-822.

Ryan, C. A. (1990) Protease inhibitors in plants: Genes for improving defenses against insects and pathogens. *Annu. Rev. Phytopathol.,* **28**: 425-449.

Sakata, I., Hayashi, M., Nakamuta, K. (2017) *Tetramorium tsushimae* ants use methyl branched hydrocarbons of aphids for partner recognition. *J. Chem. Ecol.,* **43**: 966-970.

Santos, J. C., Tarvin, R. D., O'Connell, L. A. (2016) A review of chemical defense in poison frogs (Dendrobatidae) : Ecology, pharmacokinetics, and autoresistance. Chemical Signals in Vertebrates 13, pp. 305-337, Springer.

Saporito, R. A., Donnelly, M. A., Spande, T. F. et al. (2012) A review of chemical ecology in poison frogs. *Chemoecol.,* **22**: 159-168.

Saporito, R. A., Russell, M. W., Richards-Zawacki, C. L. et al. (2019) Experimental evidence for maternal provisioning of alkaloid defenses in a dendrobatid frog. *Toxicon,*

161: 40-43.

Saul-Gershenz, L. S., Millar, J. G. (2006) Phoretic nest parasites use sexual deception to obtain transport to their host's nest. *Proc. Natl. Acad. Sci. U.S.A.,* **103**: 14039-14044.

Savitzky, A. H., Mori, A., Hutchinson, D. A. et al. (2012) Sequestered defensive toxins in tetrapod vertebrates: Principles, patterns, and prospects for future studies. *Chemoecol.,* **22**: 141-158.

Sawada, Y., Yoshinaga, N., Fujisaki, K. et al. (2004) Absolute configuration of volicitin from the regurgitant of lepidopteran caterpillars and biological activity of volicitin-related compounds. *Biosci. Biotechnol. Biochem.,* **70**: 2185-2190.

Saxena, K. N., Goyal, S. (1978) Orientation of *Papilio demoleus* larvae to coloured solutions. *Experientia,* **34**: 35-36.

Scala, A., Allmann, S., Mirabella, R. et al. (2013) Green leaf volatiles: A plant's multifunctional weapon against herbivores and pathogens. *Int. J. Mol. Sci.,* **14**: 17781-17811.

Schaal, B., Coureaud, G., Langlois, D. et al. (2003) Chemical and behavioural characterization of the rabbit mammary pheromone. *Nature,* **424**: 68-72.

Scherer, C., Kolb, G. (1987) Behavioral experiments on the visual processing of color stimuli in *Pieris brassicae* L. (Lepidoptera). *J. Comp. Physiol. A,***160**: 645-656.

Schmelz, E. A., Carroll, M. J., LeClere, S. et al. (2006) Fragments of ATP synthase mediate plant perception of insect attack. *Proc. Natl. Acad. Sci. U.S.A.,* **103**: 8894-8899.

Schmelz, E. A., Engelberth, J., Alborn, H. T. et al. (2009) Phytohormone-based activity mapping of insect herbivore-produced elicitors. *Proc. Natl. Acad. Sci. U.S.A.,* **106**: 653-657.

Shiojiri, K., Takabayashi, J., Yano, S. et al. (2000) Flight response of parasitoids toward plant-herbivore complex: A comparative study of two parasitoid-herbivore systems on cabbage plants. *Appl. Entomol. Zool.,* **35**: 87-92.

Shiojiri, K., Ozawa, R., Kugimiya, S. et al. (2010) Herbivore-specific, density-dependent induction of plant volatiles: Honest or "cry wolf" signals? *PLoS ONE,* **5**: e12161.

Shirasu, M., Ito, S., Itoigawa, A. et al. (2020) Key male glandular odorants attracting female ring-tailed lemurs. *Curr. Biol.,* **30**: 2131-2138.

Singer, A. G., Agosta, W. C., O'Connel, R. J. et al. (1976) Dimethyl disulfide: An attractant pheromone in hamster vaginal secretion. *Science,* **191**: 948-950.

Smith, A. A., Hölldober, B., Liebig, J. (2009) Cuticular hydrocarbons reliably identify cheaters and allow enforcement of altruism in a social insect. *Curr. Biol.,* **19**: 78-81.

Snir, O., Alwaseem, H., Heissel, S. et al. (2022) The pupal moulting fluid has evolved social functions in ants. *Nature,* **612**: 488-494.

Sondheimer, E., Simeone, J. B. (1970) Chemical Ecology, 352 pp., Academic Press.

Spiteller, D., Pohnert, G., Boland W. (2001) Absolute configuration of volicitin, an elicitor of plant volatile biosynthesis from lepidopteran larvae. *Tetrahedron Lett.,* **42**: 1483-1485.

Steinbrenner, A. D., Munñoz-Amatriaín, M., Chaparro, A. F. et al. (2020) A receptor-like protein mediates plant immune responses to herbivore-associated molecular patterns. *Proc. Natl. Acad. Sci. U.S.A.,* **117**: 31510-31518.

Stokes, A. N., Cook, D. G., Hanifin, C. T. et al. (2011) Sex-biased predation on newts of the genus *Taricha* by a novel predator and its relationship with tetrodotoxin toxicity. *Am. Midland Nat.,* **165**: 389-399.

Stökl, J., Brodmann, J., Dafni, A. et al. (2011) Smells like aphids: Orchid flowers mimic aphid alarm pheromones to attract hoverflies for pollination. *Proc. Roy. Soc. B,* **278**: 1216-1222.

Stynoski, J. L., Torres-Mendoza, Y., Sasa-Marin, M. et al. (2014) Evidence of maternal provisioning of alkaloid-based chemical defenses in the strawberry poison frog *Oophaga pumilio. Ecol.,* **95**: 587-593.

Suckling, D. M., Peck, R. W., Stringer, L. D. et al. (2010) Trail pheromone disruption of Argentine ant trail formation and foraging. *J. Chem. Ecol.,* **36**: 122-128.

Sugie H., Kawasaki, K., Nakagaki, S. et al. (1991) Identification of sex pheromone of the semi-looper *Autographa nigrisigna* Walker (Lepidoprera: Noctuidae). *Appl. Entomol. Zool.,* **26**: 71-76.

Sugimoto, K., Matsui, K., Iijima, Y. et al. (2014) Intake and transformation to glycoside of (*Z*)-3-hexenol from infested neighbors reveals a mode of plant odor reception and defense. *Proc. Natl. Acad. Sci. U.S.A.,* **111**: 7144-7149.

田端純, 杉江元, 望月文昭 (2007) 性フェロモン製剤 (交信かく乱剤) に対する抵抗性. 植物防疫, **61**: 642-645.

Takabayashi, J. (2022) Herbivore-induced plant volatiles mediate multitritrophic relationships in ecosystems. *Plant Cell Physiol.,* **63**: 1344-1355.

Takabayashi, J. Dicke, M. (1996) Plant-carnivore mutalism through herbivore-induced carnivore attractants, *Trends Plant Sci.,* **1**: 109-113.

Takada, W., Sakata, T., Shimano, S. et al. (2005). Scheloribatid mites as the source of pumiliotoxins in dendrobatid frogs. *J. Chem. Ecol.,* **31**: 2403-2415.

Takata, M., Mitaka, Y., Steiger, S. et al. (2019) A parental volatile pheromone triggers offspring begging in a burying beetle. *iScience,* **19**: 1256-1264.

Takeuchi, H., Savitzky, A. H., Ding, L. et al. (2018) Evolution of nuchal glands, unusual defensive organs of Asian natricine snakes (Serpentes: Colubridae), inferred from a molecular phylogeny. *Ecol. Evol.,* **8**: 10219-10232.

Tamaki, Y., Noguchi, H., Yushima, T. et al. (1971) Two sex pheromones of the smaller tea tortrix: Isolation, identification and synthesis. *Appl. Entomol. Zool.,* **6**: 139-141.

Tamaki, Y., Noguchi, H., Yushima, T. (1973) Sex pheromone of *Spodoptera litura* (F.) (Lepidoptera: Noctuidae) : Isoaltion, identification, and synthesis. *Appl. Entomol. Zool.,* **8**: 200-203.

Tan, K. H., Nishida, R. (2012) Methyl eugenol: Its occurrence, distribution, and role in nature, especially in relation to insect behavior and pollination. *J. Insect Sci.,* **12**: 56.

Tanaka, Y., Nishisue, K., Sunamura, E. et al. (2009) Trail-following disruption in the invasive Argentine ant with a synthetic pheromone component (*Z*)-9-hexadecenal. *Sociobiol.,* **54**: 139-152.

Tebayashi, S., Matsuyama, S., Suzuki, T. et al. (1995) Quercimeritrin: the third oviposition stimulant of the azuki bean weevil from the host azuki bean. *J. Pest. Sci.,* **20**: 299-305.

The Reptile Database, http://www.reptile-database.org/

Tokoro, M., Kobayashi, M., Saito, S. et al. (2007) Novel aggregation pheromone, (1*S*,4*R*)-*p*-menth-2-en-1-ol, of the ambrosia beetle, *Platypus quercivorus* (Coleoptera: Platypodidae). *Bull. FFPRI,* **6**: 49-57.

Tokuyama, T., Daly, J. W., Witkop, B. (1969) Structure of batrachotoxin, a steroidal alkaloid from the Colombian arrow poison frog, *Phyllobates aurotaenia,* and partial synthesis of batrachotoxin and its analogs and homologs. *J. Am. Chem, Soc.,* **91**: 3931-

3938.
Truitt, C. L., Wei, H. X., Pareé, P. W. (2004) A plasma membrane protein from *Zea mays* binds with the herbivore elicitor volicitin. *Plant Cell,* **16**: 523-532.
Turlings, T. C. J., Tumlinson, J. H., Lewis W. J. (1990) Exploitation of herbivore-induced plant odors by host-seeking parasitic wasps. *Science,* **250**: 1251-1253.
Turlings, T. C. J., Erb, M. (2018) Tritrophic interactions mediated by herbivore-induced plant volatiles: Mechanisms, ecological relevance, and application potential. *Annu. Rev. Entomol.,* **63**: 433-452.
Ueno, T., Kuwahara, Y., Fujii, K. et al. (1990) D-Catechin: An oviposition stimulant of azuki bean weevil *Callosobruchus chinensis* in the host azuki bean. *J. Pest. Sci.,* **15**: 573-578.
Uenoyama, R., Miyazaki, T., Hurst, J. L. et al. (2021) The characteristic response of domestic cats to plant iridoids allows them to gain chemical defense against mosquitoes. *Sci. Adv.,* **7**: eabd9135.
Uenoyama, R., Miyazaki, T., Adachi, M. et al. (2022) Domestic cat damage to plant leaves containing iridoids enhances chemical repellency to pests. *iScience,* **25**: 104455.
van Zweden, J. S., d'Ettorre, P. (2010) Nestmate recognition in social insects and the role of hydrocarbons. In Blomquist G. J., Bagnères A-G eds., Insect Hydrocarbons: Biology, Biochemistry, and Chemical Ecology, 222-243 pp. Cambridge University Press.
Vergoz, V., Schreurs, H. A., Mercer, A. R. (2007) Queen pheromone blocks aversive learning in young worker bees. *Science,* **317**: 384-386.
Verheggen, F. J., Diez, L., Sablon, L. et al. (2012) Aphid alarm pheromone as a cue for ants to locate aphid partners. *PLOS ONE,* **7**: e41841
Verschaffelt, E. (1910) The cause determining the selection of food in some herbivorous insects. *KNAW Proceedings*, **13**: 536-542.
Veyrat, N., Robert, C. A. M., Turlings, T. C. J. et al. (2016) Herbivore intoxication as a potential primary function of an inducible volatile plant signal. *J. Ecol.,* **104**: 591-600.
Villanueva, E. D., Brooks, O. L., Bolton, S. K. et al. (2022) Maternal provisioning of alkaloid defenses are present in obligate but not facultative egg feeding dendrobatids. *J. Chem. Ecol.,* **48**: 900-909.
Vité, J. P., Williamson, D. L. (1970) *Thanasimus dubius*: prey perception. *J. Insect Physiol.,* **16**: 233-239.
Wakamura, S., Yasui, H. Akino, T. et al. (2009) Identification of (*R*)-2-butanol as a sex attractant pheromone of the white grub beetle, *Dasylepida ishigakiensis* (Coleoptera: Scarabaeidae), a serious sugarcane pest in the Miyako Islands of Japan. *Appl. Entomol. Zool.,* **44**: 231-239.
Wallace, G. K. (1962) Experiments on visually controlled orientation in the desert locust, *Schistocerca gregaria* (Forskål). *Animal Behav.,* **10**: 361-369.
Weldon, P. J., Carrol, J. F., Kramer, M. et al. (2011) Anointing chemicals and hematophagous arthropods: Responses by ticks and mosquitoes to citrus (Rutaceae) peel exudates and monoterpene components. *J. Chem. Ecol.,* **37**: 348-359.
Wittstock, U., Gershenzon, J. (2002) Constitutive plant toxins and their role in defense against herbivores and pathogens. *Curr. Opin. Plant Biol.,* **5**: 30-307.
Wittwer, B., Hefetz, A., Simon, T., et al. (2017) Solitary bees reduce investment in communication compared with their social relatives. *Proc. Natl. Acad. Sci. U.S.A.,* **114**: 6569-6574.

Wood, W. F., Sollers, B. G., Dragoo, G. A. et al. (2002) Volatile components in defensive spray of the hooded skunk, *Mephitis macroura. J. Chem. Ecol.,* **28**: 1865-1870.

Wright, G. A., Baker, D. D., Palmer, M. J. et al. (2013) Caffeine in floral nectar enhances a pollinator's memory of reward. *Science,* **339**: 1202-1204.

Wyatt, T. (2010) Pheromones and signature mixtures: Defining species-wide signals and variable cues for identity in both invertebrates and vertebrates. *J. Comp. Physio. A,* **196**: 685-700.

Wyatt, T. (2014) Pheromones and Animal Behavior: Chemical Signals and Signatures, Second Edition, 405 pp., Cambridge University Press.

Xu, T., Xu, M., Lu, Y. et al. (2021) A trail pheromone mediates the mutualism between ants and aphids. *Curr. Biol.,* **31**: 4738-4747.

八隅慶一郎，篠原寿文，堀池道郎ら（1991）ミナミキイロアザミウマの生存に及ぼすトマト葉成分の影響．応動昆, **35**: 311-316.

Yeargan, K. V., Quate, L. W. (1997) Adult male bolas spiders retain juvenile hunting tactics. *Oecologia,***112**: 572-576.

Yeung, K. A., Chai, P. R., Russell, B. L. et al. (2022) Avian toxins and poisoning mechanisms. *J. Med. Toxicol.,* **18**: 321-333.

Yoshida, T., Ujiie, R., Savitzky, A. H. et al. (2020) Dramatic dietary shift maintains sequestered toxins in chemically defended snakes. *Proc. Natl. Acad. Sci. U.S.A.,* **117**, 5964-5969.

Yoshinaga, N., Aboshi, T., Ishikawa, C. et al. (2007) Fatty acid amides, previously identified in caterpillars, found in the cricket *Teleogryllus taiwanemma* and fruit fly *Drosophila melanogaster* larvae. *J. Chem. Ecol.,* **33**: 1376-1381.

Yoshinaga, N., Aboshi, T., Abe, H. (2008) Active role of fatty acid amino acid conjugates in nitrogen metabolism in *Spodoptera litura larvae. Proc. Natl. Acad. Sci. U.S.A.,* **105**: 18058-18063.

Zhang, Y., Zhan, Z, Tebayashi, S. et al. (2015) Feeding stimulants for larvae of *Graphium sarpedon nipponum* (Lepidoptera: Papilionidae) from *Cinnamomum camphora. Z. Naturforsch.,* **70c**: 145-150.

Zhu, G. X., Yang, S., Savitzky, A. H. et al. (2020) The nucho-dorsal glands of *Rhabdophis guangdongensis* (Squamata: Colubridae: Natricinae), with notes on morphological variation and phylogeny based on additional specimens. *Curr. Herpetol.,* **39**: 108-119.

事 項 索 引

タ行

ナ行

ハ行

マ行

ヤ行

生 物 名 索 引

サ行

タ行

ナ行

ハ行

マ行

編者略歴

中牟田　潔（なかむた　きよし）

1953年　佐賀県に生まれる
1983年　名古屋大学大学院農学研究科
　　　　博士課程単位取得退学
現　在　千葉大学名誉教授
　　　　農学博士

化学生態学
—昆虫のケミカルコミュニケーションを中心に—　　定価はカバーに表示

2024年10月1日　初版第1刷

編　者　中牟田　潔
発行者　朝倉誠造
発行所　株式会社　朝倉書店

東京都新宿区新小川町6-29
郵便番号　162-8707
電　話　03(3260)0141
FAX　03(3260)0180
https://www.asakura.co.jp

〈検印省略〉

© 2024〈無断複写・転載を禁ず〉

新日本印刷・渡辺製本

ISBN 978-4-254-42049-4　C 3061　　Printed in Japan

JCOPY ＜出版者著作権管理機構 委託出版物＞

本書の無断複写は著作権法上での例外を除き禁じられています．複写される場合は，そのつど事前に，出版者著作権管理機構（電話 03-5244-5088，FAX 03-5244-5089，e-mail: info@jcopy.or.jp）の許諾を得てください．